第3版 実験計画と分散分析のはなし

◆効率よい計画とデータ解析のコツ

大村 平 著

日科技連

まえがき

　私たち人類は——人類ばかりではないけれど——基本的には，長い
年月を経て習得した経験から個人が生きる術や集団のルールを学び社
会生活を営んでいます．けれども，消極的に過去の経験だけを頼って
いるのでは，はじめて経験する新しい事態への対応を間違えて痛い目
に遭うことも少なくないし，だいいち，社会生活の発展が効果的では
ありません．そこで，与えられた経験にだけに頼るのではなく，積極
的に新しい経験を追求して，そこから貴重な教訓を習得しようと思い
立ちました．それが実験です．

　こういうわけですから，実験は未知への挑戦です．相手が未知です
から，なんの作戦もなく，へたな鉄砲かず撃ちゃ当る，などと怠けて
いたのでは，犠牲が多い割に戦果が上がりません．そこで，実験に臨
む作戦の基本ルールを先輩たちがいっしょうけんめいに開発しました．
それが実験計画法です．

　実験計画法は，一般には効率のいい実験計画の立て方と，実験デー
タの分析法（分散分析）の両輪から成り立つとされ，とくに，企業レベ
ルの実験に際しては，実験に要する経費や期間を節約し，実験結果に
対して正当な判断を下すための切り札としての地位をすでに確立し，
不動のものとしています．ただ残念なことに，実験計画の立て方や分
散分析の手順がちと面倒で，初心者泣かせです．そこで，浅学の身を
も顧みず，初心者が泣くことなく，しかも実験計画法の真髄に触れて

いただくと同時に，あすの実務にもすぐ使えるような入門書を書かせていただくことにしました．

「はなしシリーズ」の常として，紋切型に理論と手法を羅列するのではなく，一行一行なっとくずくで話を進めていきましょう．そのためには文章が冗長すぎたり，あちらこちらに寄り道をしたりすることをお許しいただきたいと思います．そのお詫びの印として，最後の章に実験計画の立て方と分散分析の手順を要約しておきました．冗長な本文に付き合えないほど忙しい方や短気な方は，最終の章をお読みになれば，なまはんかにしろ一応のツウになる仕掛けを作ってあります．

最後に，この本を世に出すために尽力していただいた日科技連出版社の方々，とくに，山口忠夫課長，丸山芳雅さん，そして，原稿の整理その他に協力してくれた梶田美智子さんに，心からお礼を申し上げます．

昭和 58 年 12 月

この本が出版されてから，もう，30 年近くたちました．その間に思いもかけないほど多くの方々がこの本を取り上げていただいたことを，心からうれしく思います．ところが，その間の社会環境の変化などにより，文中の記述に不自然な箇所が目につきはじめました．そこで，そのような部分だけを改訂させていただきました．今後とも，さらに多くの方のお役に立てれば，これに過ぎる喜びはありません．

なお，改訂にあたっては，煩雑な作業を出版社の立場から支えてくれた，塩田峰久取締役に深くお礼を申し上げます．

平成 25 年 1 月

大　村　　平

第3版発行にあたって

　本書は，亡くなられた大村先生の夫人より許可をいただき，第3版として刊行するものです．第2版の刊行から10年以上たち，その間の社会環境の変化などにより，文中の記述に不自然な箇所が目につきはじめました．そこで，そのような部分だけを改訂させていただきました．

　この改訂によって，本書がいままで以上に多くの方のお役に立てるなら，出版社一同，これに過ぎる喜びはありません．

　令和6年3月

日科技連出版社　塩田峰久

目　　次

1. 商品見本2つ半

Man does something in vain

　自然のすることは無駄がない，といわれます．アリストテレスも'Nature does nothing in vain'と断言しているそうですから，それは古今東西に通ずる真理なのかもしれません．木の葉が落ちて朽ちるのも，弱肉を強者が食むのも，火山が熔岩を噴き上げるのも，波がいたずらに岩をうつのも，みんな自然の摂理であり，これらが巡りめぐって自然の秩序を維持しているのでしょうから，自然には無駄がないという命題には同意できそうな気もします．

　これに対して，人は誤りの多いもの，無駄ばかりしているもの，というのが通説になっているようです．「人」だって「自然」の一部なのだから，自然には無駄がないのに，その構成要素の一員である人には無駄が多いというのは，論理的におかしいではないかと減らず口をたたかないで，この際，謙虚に反省してみましょう．

　もちろん，この本は『実験計画と分散分析のはなし』ですから，

「人」の本質にかかわるような無駄，たとえば，種族保存のためには生殖行動だけが必要であり，愛は無駄ではないかとか，古代の歴史や宇宙誕生の知的興味は，人間の経済活動になんの実利をももたらさないから無駄ではないか，などと議論をするつもりは毛頭ありません．焦点を実験のやり方に絞って，無駄をしてはいないかと反省しようと思うのです．反省の材料として，つぎのような状況を設定しましょう．

土用の丑の日には日本に住むすべての人がウナギを食べるのではないかと思えるほど日本人のウナギ好きは有名ですが，シラスウナギの漁獲量が減り，今や庶民には高嶺の花の存在です．そこで，ウナギを大量に養殖して大儲けしてやろうと，欲の皮が張った男が立ち上がりました．大儲けをするためには，ウナギにどんどん成長してもらわなければなりません．そこで，ウナギの成長にもっとも適した餌と水温と水質の組合せを決めるために，実験をしてみることにしました．なお，餌には市販のウナギ専用配合飼料を使うことを前提として，たくさん食べてもらえるように秘伝のレシピとしたものを実験に使い，水質については，pH にのみ着目しました．

餌 を	ビタミン
	ミネラル
水温を	28℃
	30℃
水質(pH)を	酸性
	アルカリ性

に変化させて，ウナギの成長ぶりを観察しようというのですが，さて，どのように実験したらいいでしょうか．もちろん，これは架空の設定ですから，ウナギの成長に餌と水温と水質だけが支配力をもつとか，

餌は配合飼料の他にビタミンとミネラルの二者択一であるとかの仮説に責任を持つつもりはありません．この点についてはご容赦ください．

　実験の組合せとして，まず思いつく方法はウナギの稚魚（シラスウナギ）を6つのグループに分け，

　　　　第1グループ　　　ビタミンを与える　｜
　　　　第2グループ　　　ミネラルを与える　｜水温と水質は同じ条件
　　　　第3グループ　　　28℃で飼う　｜
　　　　第4グループ　　　30℃で飼う　｜餌と水質は同じ条件
　　　　第5グループ　　　酸性にする　｜
　　　　第6グループ　　　アルカリ性にする　｜餌と水温は同じ条件

という環境下でウナギの稚魚を飼育し，グループごとの成長を観察する方法です．つまり，第1グループと第2グループの成長ぶりを比較して，ビタミンとミネラルのどちらが餌として適しているかを見きわめ，第3グループと第4グループの成長の差から水温を選択し，また，第5グループと第6グループの成長の差から水質の影響を見定めようというわけです．

　けれども，この方法には疑問があります．まず，第1グループと第2グループについては，水温と水質を同じ条件にするというのですが，水温は何度にするのでしょうか．中間を取るのでしょうか．同じように，水質は……？　この疑問は，第3と第4グループの餌と水質についても，第5と第6グループの餌と水温についても同様です．条件を同じにするときには，餌はビタミンとミネラルを半分ずつ混ぜ与え，水温は中間を取り，同様に水質についても中間くらいとするというのが常識的な線ですが，このような架空の条件を与えた実験によって，餌と水温と水質が正しく評価されるという保証はまったくありません．

　さらに，もっと大きな疑問もあります．この実験方法は，餌の影響は水温や水質とは無関係にウナギの成長に現われ，また，水温の影響は餌や水質とは無関係にウナギの成長に作用し，さらに，水質の影響も餌や水温とは切り離されていることを前提としています．いいかえれば，餌と水温と水質の影響はそれぞれ互いに独立だというのですが，果たしてこのような前提を認めていいものでしょうか．ウナギが28℃の水中に住んでいるときはビタミンを与えたほうが成長しやすく，30℃に住んでいるときはミネラルのほうが効きがいい，というような「取り合せの妙」があり得ないと誰が保証できるのでしょうか．

　いろいろな疑問を叩きつけられて参ってしまいました．しかし，指摘されてみれば，確かにもっともで反論のすべがありません．やむを得ませんから，餌（ビタミン，ミネラル）と水温（28℃，30℃）と水質（酸，アルカリ）のすべての組合せで実験を計画してみます．そうすると，表1.1のように8グループの実験が必要になりますが，こんどは，架空の条件を使う心配もないし，取り合せの妙も調べることができるので，どこから見ても文句ないでしょう．

表 1.1　すべての組合せなら，こうなる

グループ	餌	水温(℃)	水質(pH)
第1グループ	ビタミン	28	酸
第2グループ	ビタミン	28	アルカリ
第3グループ	ビタミン	30	酸
第4グループ	ビタミン	30	アルカリ
第5グループ	ミネラル	28	酸
第6グループ	ミネラル	28	アルカリ
第7グループ	ミネラル	30	酸
第8グループ	ミネラル	30	アルカリ

妙 手 発 見

餌と水温と水質のすべての組合せで実験をすれば文句ないだろう，とふんぞり返ってしまいましたが，ここで，「人間のすることには，無駄が多い」のだから，この実験の計画にも無駄が潜んでいるのではないかと謙虚に反省してみます．ただ，やたらと反省していたずらに時間を費やすのも「無駄」ですから，そのためのヒントを差し上げます．

表1.2を見てください．これは，表1.1の8グループの中から第1，第4，第6，第7の4グループだけを取り出したものにすぎません．けれども，この表には実に整然とした秩序が作り込まれているのです．

その秩序は，表1.2を表1.3のように書き直してみるとよくわかり

表1.2　4つの組合せを取り出す

グループ	餌	水温(℃)	水質(pH)
第1グループ	ビタミン	28	酸
第4グループ	ビタミン	30	アルカリ
第6グループ	ミネラル	28	アルカリ
第7グループ	ミネラル	30	酸

表1.3　見よ，この秩序

餌＼水温	28	30
ビ	酸	ア
ミ	ア	酸

(a)

餌＼pH	酸	ア
ビ	28	30
ミ	30	28

(b)

pH＼水温	28	30
酸	ビ	ミ
ア	ミ	ビ

(c)

ます．表1.3の(a)は，2種類の餌と2つの水温でできる4つの組合せについて，水質がどのように割り当てられているかを表示したもので，この小さな表には表1.2とまったく同じ内容が盛り込まれています．ここで，「酸」と「ア」の配置を見ていただきます．どの行にも，また，どの列*にも「酸」と「ア」が1文字ずつ公平に配置されているではありませんか．これが表1.2の実験計画に作り込まれた秩序です．

つぎに，表1.3の(b)を見てください．こんどは，2種類の餌と2つの水質でできる4つの組合せに対して，水温がどのように割り当てられているかを示してみました．「28」と「30」とが，どの行にも，どの列にも1文字ずつ公平に配置されているという特徴がここにも見られます．同じように，水質と水温との組合せに対しての餌の割当てを(c)に書いてみましたが，特徴は依然として光っています．

表1.2の実験計画には，これほどの秩序が作り込まれているので，この4グループの実験をするだけで，表1.1の8グループの実験にほぼ匹敵するぐらいの情報を得ることができます．8グループの実験を4グループで済ますことができるのですから，これは，うまい話です．知らないこととはいいながら，危うく，文句ないだろう，とふんぞり返った挙句に，とんでもない無駄をしでかすところでした．

それにしても，表1.2の4グループについて実験するだけで，なぜ8グループぶんの情報を得ることができるのでしょうか．そのからくりは，つぎのとおりです．

---

* 数学では，横方向の並びを**行**，縦方向の並びを**列**と呼びます．たとえば，拙著『行列とベクトルのはなし【改訂版】』，日科技連出版社，80ページをどうぞ……．

　いま，ほぼ同じ大きさのシラスウナギを第1，第4，第6，第7の4つのグループに分け，表1.2の条件下で飼育したところ，ある期間の後に各グループごとの体重増加の平均値が

　　　第1グループ　　　16グラム
　　　第4グループ　　　15グラム
　　　第6グループ　　　17グラム
　　　第7グループ　　　12グラム

であったとしましょう．そして，まず餌の影響については，ビタミンは平均体重の増加をFだけ促進する効果があり，ミネラルは平均体重の増加をFだけ停滞させる効果があると考えます．つまり，ビタミンとミネラルの間にはシラスウナギの体重増加について$2F$ぶんだけ効果の差があると考えるのです．もちろん，いまの段階ではビタミンとミネラルのいずれが優れた餌であるか不明ですから，Fが正の値なのか負の値なのか定かではありません．こうして

　　　餌 $\begin{cases} \text{ビタミンを与えると} & F \\ \text{ミネラルを与えると} & -F \end{cases}$

と約束します．同じように

　　　水温 $\begin{cases} 28℃で飼うと & E \\ 30℃で飼うと & -E \end{cases}$

　　　水質 $\begin{cases} 酸 性 に す る と & H \\ アルカリ性にすると & -H \end{cases}$

の効果があると約束しましょう．

　さらに，実験に使われる4グループ全員の体重増加の平均値をmとしましょう．そうすると，第1グループについて見れば，平均値mの上にビタミンの効果Fと，水温の効果Eと，水質の効果Hと

が加算された結果として，16 グラムの体重増加を生じたのですから，

$$m + F + E + H = 16 \qquad ①$$

であるはずです.

　同じように，第 4，第 6，第 7 のグループでは

$$m + F - E - H = 15 \qquad ②$$
$$m - F + E - H = 17 \qquad ③$$
$$m - F - E + H = 12 \qquad ④$$

$$(1.1)$$

の関係があることになります.

　見てください. m, F, E, H という 4 つの未知数に対して 4 つの方程式がありますから，未知数はすべて求められるにちがいありません. これらの 4 つの方程式を連立して解くのは，赤子の腕をひねるより簡単です. ①と②の両辺どうしを加え合わせれば

$$2m + 2F = 31 \qquad \therefore \quad m + F = 15.5 \qquad ⑤$$

となり，③と④とを加え合わせると

$$2m - 2F = 29 \qquad \therefore \quad m - F = 14.5 \qquad ⑥$$

であることがわかりますから，⑤と⑥によって

$$m = 15, \ F = 0.5$$

が，あっという間もなく求まってしまいます. 同じようにして他の未知数も求めて列記すると

$$m = 15$$
$$F = 0.5$$
$$E = 1.5$$
$$H = -1$$

$$(1.2)$$

となります. こうして，ウナギの成長に対する餌と水温と水質の効果が判明しました.

ウナギの成長に最適な組合せは？

ここで，おもしろいことに気がつきます．私たちは，第1，第4，第6，第7の4グループについて実験しただけで，残りの4グループについてはノータッチでした．けれども，実験していない4グループについても実験計画を推測することができるのです．たとえば，第2グループは餌にはビタミンを，水温は28℃で，そして水質(pH)をアルカリ性にした条件を与えてやるのですから，ウナギの成長は，グラムを単位として

$$m + F + E - H = 15 + 0.5 + 1.5 + 1 = 18$$

になるにちがいありません．

同様に，第3，第5，第8グループのウナギは

$$m + F - E + H = 15 + 0.5 - 1.5 - 1 = 13$$
$$m - F + E + H = 15 - 0.5 + 1.5 - 1 = 15$$
$$m - F - E - H = 15 - 0.5 - 1.5 + 1 = 14$$

$$(1.3)$$

となるはずです．ご覧ください．私たちは4グループの実験結果をもとにして，8グループのウナギの成長を知ることができました．そし

て，餌と水温と水質の最適な組合せは，第2グループに与えた「ビタミン，28℃，アルカリ性」であることを知りました．第2グループは実験していなかったにもかかわらず，です．

この実験は，実をいうと，4ページで問題提起した「取り合せの妙」については完全に答えていないのです．けれども，あとで詳しく述べますが，現実の実験計画では，実験回数を減らすことの利益がこの不完全さを補ってなお余りあることが多いのです．

こんどは好手発見

話題が変ります．こんどの題材は，ブランドもののバッグやコスメと並んで女性が欲しいもの……，ジュエリー，とりわけダイヤモンドです．0.2グラムを1カラットといい，タイ王室が所有するゴールデン・ジュビリーというダイヤは545.67カラットもあり，世界最大だそうですが，こういうギネスブックものは論外としても，一般の庶民にとっては数カラットのダイヤでさえ高嶺の花です．それほど高価なダイヤですから，手元にある大きめのダイヤと，小さめのダイヤの重さを正確に測っておきたいと思うのも無理からぬことでしょう．

というわけで，精密天秤の片方の皿に大きめのダイヤを乗せ，他方の皿の分銅を調節して入念に重さを測ったところ，1.234カラットであったとしましょう．つづいて，同じようにして小さめのダイヤの重さを測ってみたら，0.567カラットありました．いずれもなかなかの財産です．

話はこれだけなのですが，ここでも「人間のすることには無駄が多い」のだから，この測定のやり方にも無駄があるのではないか，と謙

虚に反省してみようではありませんか.

いまの測定法は,まったく常識的でなんの変哲もありません.1回目の測定では大きめのダイヤの重さについて情報を得,2回目の測定では小さめのダイヤについての情報を得ているだけで,なんのくふうもないのです.どうせ2回の測定を行なうなら,1回目の測定にも2回目の測定にも大きめと小さめのダイヤモンドの情報をともに盛り込むことができないものでしょうか.

こういう思考過程の結果,測定のやり方にくふうを凝らしてみることにしました.まず,1回目は,片方の皿に大ダイヤと小ダイヤの両方を乗せ,もう一方の皿に分銅を乗せて測定します.そのときの分銅の重さが W カラットであれば

$$大ダイヤ + 小ダイヤ = W \qquad (1.4)$$

です.つぎに,2回目の測定では,片方の皿には大ダイヤを,もう一方の皿には小ダイヤと分銅を乗せて釣り合せてください.そのときの分銅が w カラットなら

$$大ダイヤ = 小ダイヤ + w \qquad (1.5)$$

という仕掛けです.この2つの方程式を連立して解けば

$$\left.\begin{aligned} 大ダイヤ &= \frac{W+w}{2} \\[1em] 小ダイヤ &= \frac{W-w}{2} \end{aligned}\right\} \qquad (1.6)$$

となって,大ダイヤと小ダイヤの重さが求まろうというものです.

こうして,大ダイヤと小ダイヤの情報を2回の測定の両方に盛り込むことに成功したのですが,この成功は具体的にはどのくらいの効果をもたらすのでしょうか.この効果を調べるには,測定の誤差につい

て考察しなければなりません.

　測定や製作の誤差は，一般にはカタヨリとバラツキから成り立つの
ですが，カタヨリのほうは比較的容易に取り除くことができるので，
ここではバラツキのほうを重視し，測定の誤差はゼロを中心として正
規分布するものと考えましょう.* そうすると，なんのくふうもなく
測った大ダイヤと小ダイヤの重さは，実は

$$
\left.
\begin{array}{l}
1.234\ \text{カラット} + (\varepsilon) \\
0.567\ \text{カラット} + (\varepsilon)
\end{array}
\right\} \quad (1.7)
$$

と考えなければなりません. ε（イプシロン）は測定誤差であり，0 を
平均値としたある正規分布

$$
N(0,\ \sigma^2)^{**}
$$

から偶然に取り出された1つの値です. ε は，その正規分布に従いな
がら変動する値であり，ふつうの値のようには加減乗除ができないの
で（　）を付けておきました.

　1.234 とか 0.567 とかの測定値が (ε) という誤差を含むなら，ダイヤ
の真の値は

$$
1.234\ \text{カラット} - (\varepsilon),\quad 0.567\ \text{カラット} - (\varepsilon)
$$

とするのが正しいかもしれませんが，(ε) はプラスかマイナスかが五
分五分の値ですから，$-(\varepsilon)$ としても $+(\varepsilon)$ としても同じことなので，

---

　* 誤差が正規分布をすることについては，拙著『評価と数量化のはなし【改
　　訂版】』，日科技連出版社，50 ページ，64 ページなどを参照してください.
　** 平均値が0で，分散が σ^2，つまり標準偏差が σ であるような正規分布を
　　$N(0,\ \sigma^2)$ と略記する習慣があります. N は Normal distribution（正規分布）
　　の頭文字です. 詳しくは，拙著『統計のはなし【第3版】』61 ページを見てく
　　ださい. 実験計画法は確率や統計の考え方が基礎になっていますので，『確率
　　のはなし【改訂版】』と『統計のはなし【第3版】』，ともに日科技連出版社，
　　を随時ご参照いただければ幸いです.

なんとなく馴染の深い＋を採りました.

　いっぽう，くふうを凝らした測定のほうはどうでしょうか. 1回目の測定値Wと2回目の測定値wにも測定誤差はつきまといますから，式(1.4)と式(1.5)とは

$$大ダイヤ＋小ダイヤ＝W＋(\varepsilon) \tag{1.8}$$

$$大ダイヤ＝小ダイヤ＋w＋(\varepsilon) \tag{1.9}$$

と書き改めなければなりません. 大ダイヤと小ダイヤの重さを求めるには，この2式を連立して解けばいいはずです. けれども，(ε)は$N(0,\ \sigma^2)$から偶然に取り出された値であり，式(1.8)の(ε)と式(1.9)の(ε)とは同じ値ではありませんから

$$(\varepsilon)＋(\varepsilon)＝2(\varepsilon)$$

$$(\varepsilon)－(\varepsilon)＝0$$

とはならないところが，やっかいです.

　では，どうなるのかというと……. $N(0,\ \sigma^2)$から，無作為*に2つの値を取り出して，その和を作るという作業を繰り返すと，作られたたくさんの和は$N(0,\ 2\sigma^2)$の正規分布をします. この事情は，和の代りに差を作っても同じです. なぜなら，正規分布する値の和または差は，もとの正規分布と較べて分散が2倍，標準偏差が$\sqrt{2}$倍になる性質があるからです.**

　したがって

　＊　「無作為」は，ランダムともいわれ，文字どおり作為をせずに偶然の力に従うことを意味します.

＊＊　一般に，$N(\mu_1,\ \sigma_1^2)$と$N(\mu_2,\ \sigma_2^2)$から取り出された値の和または差は
$$N(\mu_1 \pm \mu_2,\ \sigma_1^2 ＋ \sigma_2^2)$$
　の正規分布をします. 詳しい説明は，『統計のはなし【第3版】』77〜81ページをご覧ください.

$$(\varepsilon) \pm (\varepsilon) = \sqrt{2}\,(\varepsilon) \tag{1.10}$$

という構図が成り立ちます.

では,この関係に注意しながら式(1.8)と式(1.9)とを連立して解いてみましょう.この2式の両辺をそれぞれ加えると

$$大ダイヤ \times 2 = W + w + (\varepsilon) + (\varepsilon)$$
$$= W + w + \sqrt{2}\,(\varepsilon)$$
$$\therefore \quad 大ダイヤ = \frac{W + w}{2} + \frac{(\varepsilon)}{\sqrt{2}}$$

となりますし,2式の両辺をそれぞれ差し引けば

$$小ダイヤ = \frac{W - w}{2} + \frac{(\varepsilon)}{\sqrt{2}} \tag{1.11}$$

が得られます.

この結果を,くふうのない測定結果の式(1.7)と較べてみてください.式(1.7)では測定値に(ε)の誤差がつきまとっていましたが,くふうを凝らした測定では誤差が$(\varepsilon)/\sqrt{2}$に減っているではありませんか.同じ測定回数で誤差を$1/\sqrt{2}$に減らすことができたのですから,かなりの成功です.

商品見本の補足

ウナギの成長を扱った冒頭の例題では,実験のやり方をくふうすることによって実験の回数を半分に減らすことができたのでした.そして,ダイヤの重さを測った前節の例題では,実験のやり方をくふうすることで,実験の回数が同じでも,実験計画につきまとう誤差を$1/\sqrt{2}$に減らせることを実証したのでした.なるほど妙手があるものだ,と

納得していただけたでしょうか. まったくの話, このような妙手があることを知らずに実験を計画した日には, 物笑いの種になるところです. この本では, この種の合理的な実験の計画法について, じっくりと話を進めていくつもりです. つまり, この章で例示した2つの例題は, この本の内容を PR するための商品見本であったと思ってください.

実は, この本の内容を公正に PR するためには, もうひとつの商品見本を提示しなければなりません. それは, 実験の結果をどのように処理し, 判断するかを教える手法についてです. 実験のデータには必ず誤差が含まれています. そこで, 実験データに含まれている誤差の大きさを分析し, 誤差の部分を取り除いたあとに, 意味のある結論を導くに足るデータが残っているか否かを吟味する必要があります. さもないと, 偶然の誤差で生じた優劣を, 本質的な優劣と勘違いしてしまいかねません.

このように, 実験データに含まれる情報を誤差の部分と本質的な部分とに分離し, 実験データから意味のある結論を導けるか否かを吟味する手法を**分散分析**といい, この本の何分の一かを分散分析の紹介にあてるつもりです. したがって, 商品見本を陳列するなら, 分散分析の見本も加えるほうが公平なのですが, 分散分析のほうは, ウナギの成長やダイヤのカラット測定で実験計画法の一部を見本として紹介したような具合にはいきません. これについては, 全体をまるごと見ていただくほうが好都合なので, 見本の展示は省略させていただき, 本文中で直接ご紹介することにします.

ところで, どんなことでもそうですが, 妙手や好手が存分に威力を発揮するのは, 基本的なことがきちんとできている場合です. バレー

ボールでバックアタックやクイックなどの妙手が威力を発揮するため
には，サーブやレシーブなどの基本ができていなければならないし，
音階やリズムをわざとずらして心にしみるメロディーを歌い上げるた
めには，正確に音階やリズムをとれるだけの基礎ができていなければ
なりません．

　そういうわけですから，妙手や好手をご紹介する前に，「いい実験」
のための基本的なことにも触れておかなければなりません．つぎの章
は，そのための章です．煩わしくても，最後までお付き合ください．

2. ランダム化の功徳

実験の目的はなにか

　愚問を呈する失礼をお許しください．あなたにとって人生の目的は
何ですか，いいかえれば，何のために生きているのですか……？

　どうせ冷やかし半分の愚問ですから真剣に答えていただく必要はあ
りません．けれども，一応の答えをちょうだいするとしたら，どうで
しょうか．社会に貢献すること？　……なんとも白々しいな．家族を
愛し，健康で幸せに暮らすこと？　……たったそれだけが目的ですか．
お金を儲けて，うまいものを食べて，ブランド品を身にまとって，勝
手気ままに暮すこと？　……そんなに悪ぶらなくてもいいではないで
すか．どうやら，自分の人生の目的を確信をもって明言できる方は，
ほとんどいないように思えます．

　私たちの人生の目的でさえ，これほど不確かなのですから，私たち
自らの意志にもとづく行為の目的があいまいであっても仕方がないの
かもしれません．私たちが計画する実験でも，そうです．自分では明

確な目的をもって実験を計画しているつもりでも，じっくりと反省してみると，目的があやふやなことが少なくないのです．

前の章で，ウナギを大量に養殖し，大儲けをしようと策した男がいたことを思い出してください．大儲けをするためにはウナギにどんどん成長してもらわなければなりません．そこで，ウナギの成長にもっとも適した餌と水温と水質の組合せを決めるための実験を行なったのでした．その結果，水質をアルカリ性にして，28℃の水温でビタミンを与えて飼養するのがもっとも好成績で，定められた期間中に18グラムの成長を期待できることが判明したのでした．そして，私たちはこの実験に大いに満足したのでした．

けれども，この実験の目的をじっくり反省してみてください．くだんの男は，ウナギを早く成長させて大儲けすることをもくろんでいたのですが，どんなに大きく成長させても，食べて美味しくないようでは，なんにもなりません．250gを超えると蒲焼には適さないと言われていますから，出荷に最適な大きさのほうは，どうなっているのでしょうか．実験の目的を「早く成長させる」にだけ限定して，「美味しさ」を忘れているようでは，目的の選び方に抜かりがあるように思えます．

一歩ゆずって，くだんの男は抜かりなく，最適な大きさについては別の実験を計画しているから，この実験の目的を「成長の早さ」にだけ絞ればいいのだと仮定してみましょう．そうすると，前の章の実験は目的を十分に達しているように思えるかもしれません．

ところで，成長とはいったいなんでしょうか．この実験ではウナギの成長を体重の増加で表わしていましたが，「見栄えするウナギ」という観点から考えると，ウナギの成長を体重の増加だけでなく，長さ

の増加，つまり表面積の増加でも評価しなければならないのではない
でしょうか．体重だけ増加したコロコロ太っただけのウナギでは，蒲
焼に適さないのは明らかです．

　ちょっと計算してみるとわかるように，直径 10cm の球と，直径
3cm で長さが 74cm の円筒とを較べると，体積はほぼ同じなのに，表
面積は円筒のほうが 2 倍以上も大きいのです．つまり，同じ体重なら
丸々と太ったウナギよりは細長く伸びたウナギのほうがうな重に適し
ているはずですから，体重の増加を測ってもウナギの商品価値を正当
に評価していることにはなりません．こういうわけですから，この実
験の目的が「成長」に絞られているとしても，「成長」の意味があい
まいで，したがって，実験の目的そのものがあいまいである疑いが濃
厚です．

　ウナギの長さを測る必要があることくらい，はじめから承知のうえ
だけど，それは測りにくいから体重で代用したのだと強弁されるので
すか？　それが本当に事実で，しかも，体重と身長の関係を事前に検
討してあったのなら，脱帽して最敬礼をいたしますが……．

　最敬礼のついでに，いやみを言わせてもらうなら，身長を測ること
を検討されたときに，よもや身の質についての配慮をお忘れではなか
ったでしょうね？　そこまで充分に考えたうえで，体重を測定する途
を選択されたのだと信じていいのでしょうね？

　実験を計画する第一歩は，何のために，何を測るのか，そして，実
験の結果をどのように利用しようとするのかを，きちんと考えること
です．ここから始めなければなりません．当り前のことのようですが，
現実に行なわれている実験では，この第一歩を軽んじていることが少
なくないのです．

　とくに，アンケートによる調査——これも実験の一種です——など
に，その傾向が強いように思えます．この際なんでも尋ねておけ，と
いう感じて，やたらと質問の項目をふやしてしまう傾向があるのです．
それらの回答をどのように処理し，そこからどのような結論が引き出
せるかについての具体的なイメージもなしに，です．その結果，煩わ
しくなった回答者がいい加減な答えをしたり，質問の流れにつられて
本心が歪められたりして，ろくな実験になりません．そうかと思うと，
肝腎かなめの質問を忘れて，回答を整理して結論を導き出すときにな
って往生することもあります．これも，実験の第一歩をおろそかにし
た報いです．

どうしたら誤差が減るか

　実験を計画する第一歩は，何のために，何を測り，その結果をどの
ように利用しようとするのかを，きちんと考えることだと書いてきま
した．つづいては，第二歩です．第二歩は，すでに承知している知識
を動員して実験の誤差を小さくすることです．

　実験の誤差の中には，偶然のいたずらに起因するために私たちの努
力では取り除くことができない誤差があります．これに対して，私た
ちの不注意や知識不足によって誤差が生ずることもあり，こちらの誤
差は，知識を習得し，注意を払うことによって取り除くことができま
す．

　一例として，身長を測る場面を頭に描いてみてください．身長計の
各所にわずかながら潜んでいるガタによって生ずる誤差，横木が頭の
てっぺんを押える圧力のバラツキによる誤差，体重のかけ方によって

足の裏の変形が異なるための誤差などは，念には念を入れ，注意に注意を重ねてもゼロにすることはできません．この種の誤差は実験にはつきものと覚悟を決め，どうせつきもので逃れられないなら，この種の誤差とは仲良くし，ときには積極的に利用させてもらおうではありませんか．その方法については，あとでご紹介するつもりです．なお，とくにこのような偶然のいたずらに起因する誤差だけを指して，**偶然誤差**と呼ぶことがあります．

　これに対して，不注意や知識不足による誤差は，靴をはいたまま身長を測るような不注意は論外ですが，靴下の中に詰めものをして体格検査に合格した話を読んだことがありますから，実験誤差を小さくするためには，靴下の中や頭髪の中に詰めものが隠れていないかと注意する必要があります．また，起床した直後の身長は人によっては数センチも高いという事実を知らないと，まんまと数センチもの誤差をしょい込むはめになりかねません．

　それにだいいち，「柱の疵はおととしの五月五日の背くらべ……」と歌われるくらいだからといって，三角定規を頭に乗せて柱に印をつけて巻尺で計測するようでは，近代的な身長計を使う場合より誤差が大きくなろうというものです．

　起床してからしばらくは時間をおき，近代的な身長計を使い，詰めものや背のびによる不正を防ぎ，正しい姿勢を保たせて慎重に身長を測るという配慮によって，取り除きうる誤差は取り除くよう，実験は計画されなければなりません．

　一般的にいうなら，実験を計画するに当っては，偶然誤差以外の誤差は実験される事象に固有の知識や技術を総動員して排除する必要があります．いいかえれば，偶然誤差以外の誤差を排除することは，

「実験計画法」以前の問題であり，固有技術の責任範囲です．したがって，これから先，この本でいう「誤差」は偶然誤差だけを意味することにします．いや，この本ばかりでなく，誤差を統計的に扱うような場合には，誤差は偶然誤差だけを指しているのがふつうなのです．

　なお，偶然誤差以外の誤差，つまり，固有知識の不足や不注意に起因する誤差については，適当な呼び名がありませんが，これらを**系統誤差**と呼ぶことがありますので，どうしても必要なときには，この呼び名を使うことにしましょう．

　実験を計画する第一歩は，実験される事象についての固有技術を動員して偶然誤差以外の誤差，すなわち系統誤差を排除することだと書いてきました．そして身長の測定を例にとって，当り前のことをくどくどと述べてきました．確かに，ウナギの成長についての実験の例でいうなら，ウナギの成長に大きな影響を与える要因は，餌と水温と水質であり，餌はビタミンとミネラルを比較すれば十分で，水質については……．これは，ウナギについての固有の知識を熟知していて，これらの要因のどれかを欠くと実験の誤差が大きくなり，また，これら以外の要因を追加しても手数がかかる割には実験の誤差がさほど小さくならないという判断があったからにちがいありません．こういう固有の知識が充分でないときには，ともかくあてずっぽうにへたな鉄砲を数多く撃ってみるほかなく，手間のかかる割には実りの薄い実験を覚悟しなければなりません．

層 に 分 け る

　実験される事実についての固有の知識を利用して，実験の誤差を小

さくする典型的な例をご紹介しましょう.

　自動車で走行中, とつぜん目の前に人物がとび出してきたとき, ブレーキを踏むまでにどれだけの時間を要するかを調べてみようと思います. 自動車運転のシミュレータを使い, スクリーンに人影を出現させてからブレーキが踏み込まれるまでの時間を測定する回路を作れば, 容易に数百分の一秒くらいの正確さでその時間を計測することができますが, 常識的に考えて, 計画誤差よりは個人差のほうがずっと大きそうです. だから, たった一人についてなんべんも実験し, その平均値を反応時間とみなしたのでは, 正しい値とはいえません. 何十人もの人たちに実験台になってもらう必要がありそうです.

　さて, 何十人もの男女に協力してもらってデータを集めると, なにしろ反射神経の鋭さは人によってずいぶん差がありそうですから, これらのデータはかなりの幅にわたってばらつくにちがいありません. データの大きなばらつきは, たとえば平均値をもって反応時間の結論とするとき, その結論には大きな誤差が含まれている可能性を示唆しています.

　このようなとき, 反応時間についての知識を利用して誤差を減らす努力をしなければなりません. このような反応時間には, 男性と女性とでは差があるといわれますし, また, 高齢になると急激に衰えてくるともいわれています. だから, 男性も女性も, 老いも若きもごちゃ混ぜにしてデータを集めたのでは, データのばらつきが大きくなるのは理の当然です.

　そこで, 協力者をまず男女に分け, さらにはそれぞれを青年組, 熟年組, 老年組に区分しましょう. こうしてデータを6つの組に区分すれば, 各組の中ではデータのばらつきがだいぶ小さくなるにちがいあ

層に分けて調べる

りません．そして，各組ごとに平均値を求め，それを反応時間の結論とすれば，その結論に含まれる誤差は，老若男女をごちゃ混ぜのときより減少していると信じることができます．* だいせいこう……!

　この例のように，異なる特徴をごちゃ混ぜにしないために，いくつかのグループに区分することを**層別**と呼んでいます．層別は，事象に固有の知識や技術を利用して実験の誤差を減少させるための汎用性のある手法といえるでしょう．

　層別について，理解しやすい実例をもうひとつ，ご紹介しましょう．あなたは社内旅行の幹事で，旅行の行き先を決めるためにアンケート調査を企画していると思ってください．行き先としては

　　　軽井沢

　　　熱海

のどちらかを，全従業員の中から無作為に選んだ 100 人の標本に対す

---

　*　6 組に分けると，1 組ごとのデータ数が減るぶんだけ誤差がふえてしまいますが，全部をごちゃまぜにしたための誤差と較べればはるかに被害僅少です．

るアンケート調査の結果に従って決めたいと思っています.

　今さら説明の必要はないと思いますが, もともと軽井沢は外国人の避暑地として人気を博し, その後, 東京を後背地として持つリゾート地として, その地位を確立しました. ジョン・レノンが毎年のように家族で長期間滞在したことは有名ですが, 平成天皇が皇后陛下との出会いの場所(テニスコート)となったことでも知られています. 教会, 美術館, ホテル, レストランなど, そのいずれもがオシャレな建物で, とりわけ若い女性に人気のスポットです. これに対して熱海は, 温泉を中心とした歓楽地で, どちらかというと男性, とくに中高年の遊び場にむいているように思います.

　こういうわけですから, 無作為に選ばれた標本が, たまたま全従業員の構成比と比較して若い女性の割合が多めになっていれば, 軽井沢をえこひいきすることになるし, 反対に, 高年代の男性に偏っているなら, 熱海の肩を持つ結果になってしまいます.

　標本の抽出に伴うこのような誤差を排除する方法は簡単です. あらかじめ全従業員の性別, 年代別の構成を調べて, それに正比例するように標本を抽出すればいいのです.

表 2.1　層別してから, 比例代表を

層　　別	従業員数	標　本　数
若い女性	680	34
若くない女性	200	10
若い男性	600	30
若くない男性	520	26
計	2,000	100

　たとえば, 表2.1のように従業員を4区分に層別してから同じ比率で標本を抽出すれば, 標本の抽出に伴う誤差のうち, 性別, 年代の構成比に関する誤差だけは明らかに排除できるでしょう.

順番も順序も公平に？

実験を計画する第三歩へと進みます．おふくろの味，という言葉が
あります．母親の手料理を幼いころから食べつづけていると，いつし
かその味付けに馴染んでしまうので，その味が恋しくなり，そして，
その味が母への想いをかきたてるのでしょう．ところが最近は，けっ
こうな味付けのレトルト食品が潤沢に出まわると同時に，母親が料理
の手数をはぶいてレトルト食品ですませることが多くなったせいか，
いまの子供たちはレトルト食品の味付けに慣らされて，手数をかけた
本物よりレトルトのほうを好む傾向さえみられるそうです．

レトルト食品をつくり出すメーカーのほうはといえば，他社に先が
けて安くて保存がきき，手軽でうまい新製品を生み出そうと必死です．
そのためには食品の物理的，化学的な処理法についても多くの実験を
繰り返さなくてはなりませんが，なかんずく，味の良否についての実
験には気を遣います．なにしろ，数字では表わしにくい「味」が相手
ですから，味の良否を判定するための実験にはくふうが必要です．

たくさんの製品を並べて順々に採点をしていくと，最初のいくつか
については評価員自身の判断基準ができていないし，あとでもっと優
れた味に遭遇するかもしれないので，用心深く辛めの点をつけ，だい
ぶ慣れてくると用心も解除されるので，ちょっと優れた味には思いき
り高い点数を与え，あとのほうでは味覚がバカになってくるので，せ
っかく優れた味にも辛い点をつけてしまう傾向があるそうです．その
うえ，まずい製品のあとにうまい製品を味わうと，うまさがいっそう
引き立ってしまうなどの影響も無視できません．これでは，不公平な
採点になってしまいます．

　この不公平をなくすために，たくさんの製品を順々に採点していく
のではなく，2つの製品を取り出して味くらべをし，優れたほうに軍
配をあげるというテストをつぎつぎに繰り返して，その結果から全製
品の序列を決めるというやり方で行います．これを**一対比較法**＊とい
い，前述の不公平さをかなり取り除くことができるのですが，けれど
も，厳密にいえば，どちらを先に味見するかによって若干の不公平さ
は免れません．一般に，2つの刺激を短い時間間隔で与えると，前の
刺激を過大評価し，時間間隔が長いときには後の刺激のほうを過大評
価する傾向があるそうですから……．

　このような実験誤差を取り除くには，どうすればいいでしょうか．
まず気がつく方法は，表2.2に一例を示したように，偶数の評価員を
動員して2つの製品がテストされる順序を公平に仕組むことです．ペ
ア・テストに限定していえば，これで不公平にまつわる誤差を取り除
けることが少なくないのですが，製品の数が多いとすべてのペア・テ
ストをやり終えるにはたいへんな手数が必要ですから，いつもペア・
テストをやるのが有効とは限りません．

　そこで，いくつかの製品をつぎつぎに採点していくやり方のままで，
順序による不公平を取り
除くことを考えてみます．
一例として，A，B，C，
Dという4種類のカッ
プラーメンの味を採点す
ることにしてみましょう．

表 2.2　一応は公平

評価員 ＼ 順番	1 番目	2 番目
Ⅰ	A	B
Ⅱ	B	A

　＊　一対比較法（ペア・テスト）については，『評価と数量化のはなし【改訂版】』
　　37 ページに詳しく紹介してあります．

まず，表2.2の前例にならって，4種類のラーメンを賞味する順序を1つずつずらして表2.3のように並べ，4人の評価員に採点してもらったらどうでしょうか．なるほど，どのラーメンも1回目，2回目，3回目，4回目に各1回ずつ採点されますから，公平であるように思えます．けれども，これだけでは採点される順番については公平でも，順序については公平とはいえません．「順番」と「順序」はふだん私たちは使い分けていないかもしれませんが，ここでは，「順番」は何番目に位置しているかを表わす言葉，「順序」は何のつぎに位置しているかを表わす言葉と，不遜ながら決めさせていただきます．

表2.3　こうすれば公平か？

評価員 ＼ 順番	1番目	2番目	3番目	4番目
Ⅰ	A	B	C	D
Ⅱ	D	A	B	C
Ⅲ	C	D	A	B
Ⅳ	B	C	D	A

　そうすると，たとえばBはB自身が1番目であるとき以外はすべてAのつぎです．CやDのつぎに味見されることは決してありませんので，Bの点数はAの味の良否や特徴の影響だけを受けます．だから，順序については公平ではないのです．

　この影響も含めて公平な採点をするためには，4種類のラーメンのすべての順序についてテストする必要があります．その順序の数は*

$$4！＝4×3×2×1＝24$$

---

* 　異なる n 個のものを1列に並べる並べ方の数，すなわち，順列の数は，$n！$.

もありますから，これはたいへんです．24 ケースものテストをする
くらいなら，4 種類のラーメンから 2 種類を取り出すすべての組合
せ*のそれぞれについて，表 2.2 のように順番を変えながらペア・テ
ストをするほうが楽ではありませんか．

いまの例では，味くらべをされるラーメンがたかだか 4 種類にすぎ
なかったのに，すべての順列の数は 24 にもなるのでした．さらにラー
メンが 5 種類になると，順列の数は 120，6 種類ともなると 720 と
加速的に増大し（表 2.4 を見てください），それらのすべてをテストす
ることなど不可能になってしまいます．

そのうえ，これはなかなか重要なのですが，実験の量が多いと実験
に要する費用がかさむだけではなく，実験の誤差が増大してしまうこ
とが少なくありません．このことについて
は，45 ページあたりで詳しく述べるつも
りですが，おおまかにいうと，実験の量が
多ければ実験に要する時間が長くなります
から，時間の経過に伴う変化，たとえば，
気温，日照，体調などが変化することによ
って実験の条件が均一でなくなるための誤
差が追加されてしまうのです．あるいは，
実験に広い空間が必要になれば，空間の条
件が不均一であるための誤差が発生したり

表 2.4　順列の数は $n!$

n	$n!$
1	1
2	2
3	6
4	24
5	120
6	720
7	5,040
8	40,320

---

* 異なる n 個のものから r 個をとる取り出し方の数，すなわち，組合せの数
は

$$_nC_r = \frac{n!}{r!(n-r)!}$$

したがって，4 種から 2 種を取り出す組合せの数は 6.

してしまうので，実験の誤差を除去しようとして実験の量をふやした挙句に，新しい誤差をしょい込んでしまい，なんにもならなくなってしまいます．

びっくり共振

　実験の順番や順序の不公平に伴う誤差を排除するには，たいへんな実験回数を必要とするし，それは時間的にも経費的にも受け入れにくいばかりか，余計な誤差までしょい込む危険性があると書いてきましたが，さらにそのうえ，もうひとつ付け加えなければならないことがあります．テストの順番が公平になるようにと表2.2や表2.3のように意図的な配列を作ると，なんとしたことか，かえって不公平の度合いを増してしまうことがあるのです．

　たとえば，表2.3の計画に従って4種類のカップラーメンの味くらべをするとしましょう．たまたま手元にあった5つのやかんを総動員して，少しずつの時間差をおきながら表2.3の順序に従ってつぎつぎにラーメンにお湯を注ぎ，評価員に味の採点をしてもらいます．この場合，作られるラーメンの順序は

　　　　ABCD　DABC　CDAB　BCDA

となるはずです．ところで，やかんの1つに気がつかない程度の異物がこびりついていて，このやかんで沸かしたお湯で作ったラーメンの味が著しく損なわれるものと仮定してみてください．そうすると，つぎつぎに作られるラーメンは，5つめごとに，つまり4つおきに著しく味が損なわれてしまいます．もし，いちばん最初のAがこのやかんで調理されたとすると，その5つあとのラーメンもA，さらに5

つあとのラーメンも A，さらに 5 つあとのラーメンも A ですから，A だけがもろに被害をこうむるはめになるので，こんな実験はむちゃくちゃです．

　私たちは，すべてのラーメンが公平になるようにと 1 番ずつずらして計画をたてたのですが，その結果，A が現われる周期と異物がこびりついたやかんが使われる周期とが一致してしまうことになり，これが悲劇の原因となります．

　このような悲劇は，ペア・テストなら起らないかというと，そうもいかないから話がやっかいです．たとえば，万人が納得するペア・テストを志して，評価員の数をうんとふやし，表2.5 のような実験を計画したと思ってください．この表の順序に従うと，味見されるラーメンは

　　　　ＡＢＢＡＡＢＢＡＡＢＢＡ……

の順に並びます．ところが，この並びは 4 文字を 1 周期として果てしなく繰り返されています．したがって，4 つのやかんの中に異物がこびりついたやかんが 1 つあるとか，4 回の調理ごとにお湯の温度が変動するなど，4 を周期とする変化と強烈に共振する可能性があります．共振してしまえば，評価員の数をふやせばふやすほど，つまり実験をやればやるほど，不公平は確固たる

表 2.5　むっ！　不吉な予感

評価員 ＼ 順番	1 番目	2 番目
Ⅰ	A	B
Ⅱ	B	A
Ⅲ	A	B
Ⅳ	B	A
Ⅴ	A	B
Ⅵ	B	A
⋮	⋮	⋮

ものになってしまうのです.

　一般に，実験の時間的，あるいは空間的な配列に伴う誤差を排除しようとして，意図的に規則正しい配列を作ると，ときとして，その規則を支配する周期性が私たちの意識にない外部の要因の周期と合致して，思いがけないほど大きな誤差が生ずることがあります．外部の要因としては，潮の満ち干，バイオリズムなどのような自然現象もあるでしょうし，曜日やメカニカルな振動のような人工的なものもあるかもしれません．いずれにしろ，実験をするときにそれが実験結果に影響するとは気がついていないのがふつうですから，恐ろしいのです.

でたらめを活用する

　一連の実験をつぎつぎに行なうと実験の順番に起因する誤差ができるといわれるし，それではせめて順番が公平になるようにとくふうしたら，順番ばかりでなく順序も公平にしろといわれ，そんなことをしたら実験の回数がべらぼうになってしまうし，実験の回数がべらぼうになればそれが原因で誤差がふえるぞとバカにされる始末です．それに加えて，実験の時間的あるいは空間的な配列に規則性があると，思いがけない要因の影響をもろに受けて実験がむちゃくちゃになるかもしれないぞと脅迫されて，私たちはほとほと困惑し果てました．もう勝手にしろ，です.

　けれども，勝手にしろ，と開き直ったところで事態が好転するわけではありませんから，さらにくふうを重ねましょう．実験の誤差はなるべく減らさなければなりません．そのためには，実験される事象に固有の知識や技術をフルに利用し，必要とあれば層別なども行なって，

偶然誤差以外の誤差を排除する必要があります．しかし，前節で述べたように，実験の順序や配列に伴う誤差を排除しようと努めた挙句，かえって新しい誤差を招くようでは失敗です．

　そのくらいなら，実験の順序や配列に伴う誤差を積極的に偶然誤差に変換してしまうほうが得策です．本当をいえば，偶然誤差も小さいにこしたことはないのですが，しかし，あとで詳しくお話ししますが，偶然誤差はその大きさの程度を推測したり実験結果から分離したりすることが可能なので，始末がいいのです．

　では，実験の順序や配列に伴う誤差を偶然誤差に変換するには，どうしたらいいでしょうか．偶然誤差とは，文字どおり偶然のいたずらによって発生する誤差です．それなら，実験の順序や配列を偶然のいたずらに任せれば，実験の順序や配列に起因する誤差も，偶然誤差になってしまうにちがいありません．

　つぎの問題は，どうすれば実験の順序や配列を偶然の手に委ねることができるでしょうか，です．それには，実験の順序や配列を「でたらめ」にすればいいのですが，けれども，実はこの「でたらめ」がなかなかむずかしいのです．その証拠に，0から9までの数字をでたらめに書き連ねてみてください．幼い子供にでたらめな数字の列を書かせると，各人ごとに数字に対する好みが顕著に現われるし，教養を誇る先生方に書いてもらうと，同じ数字がいくつも続くのは不自然だと考えて同じ数字のつながりを少なくしたり，0から9までの数字が同じ割合で現われるように配慮する傾向があったりして，とても偶然の所作とは思えません．

　そこで，サイコロを使うことにします．なにせサイコロは偶然を積極的に利用するために作り出された小道具で，白河上皇が「これぞ我

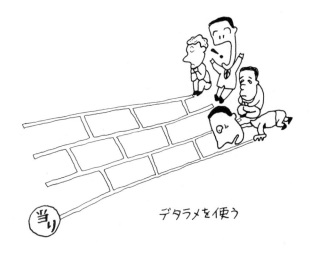

デタラメを使う

が心にかなわぬもの」と言ったぐらい，どのような権力にも膝を折らず，ひたすら偶然にだけ身を任せる律義者ですから，これを使わない手はありません．けれども，サイコロには⚀から⚅までの6種類の目しかありませんから，0から9までの数字に対応させるためにはひとくふうが必要です．

それにはいろいろな方法が考えられますが，たとえば，大きさか色かが異なる2個のサイコロを同時に投げ，その結果を表2.6に従って数字に直す作業をつぎつぎに繰り返しながら，数字の列を作るのも一案です．つまり，サイコロAの目が奇数のときはサイコロBの目（⚅のときは，やりなおし）を数字としていただき，サイコロAの目が偶数のときはサイコロBの目の数に5を加えた値をいただこうというわけです．もちろん11は0とし，12は使わないことにします．

そのように煩わしいことをせずに，2つのサイコロの目の合計を，10は0とし11と12は除いて，そのまま数字に直せばいいではない

かと軽はずみなことはいわないでください．そんなことをしたら，0から9までの数字が現われる確率は

$$3:0:1:2:3:4:5:6:5:4$$

になってしまい，偶然の神の御心に反します．うそだと思う方は，表2.7を観察してみてください．

いずれにせよ，目が6種類しかないサイコロを使って，0から9までの10種類の数字を偶然の神の御心のままに作り出すには，相応のくふうが必要で，七面倒です．そこで，正20面体の20の面に0から9までの

表2.6　我が心にはかなわないが

B＼A	⚀	⚁	⚂	⚃	⚄	⚅
⚀	1	2	3	4	5	—
⚁	6	7	8	9	0	—
⚂	1	2	3	4	5	—
⚃	6	7	8	9	0	—
⚄	1	2	3	4	5	—
⚅	6	7	8	9	0	—

表2.7　もう，めちゃくちゃ

B＼A	⚀	⚁	⚂	⚃	⚄	⚅
⚀	2	3	4	5	6	7
⚁	3	4	5	6	7	8
⚂	4	5	6	7	8	9
⚃	5	6	7	8	9	0
⚄	6	7	8	9	0	—
⚅	7	8	9	0	—	—

数字を2面ずつ刻みつけた**乱数サイ***が作られて市販されています．乱数サイを転がしながら，現われた数字をつぎつぎに書き連ねていけば，偶然の手に委ねた数字の列ができようというものです．

　乱数サイを振りながら現われた数字を記録していけば，でたらめな

---

*　正多面体には，正4面体，正6面体，正8面体，正12面体，正20面体の5種類しかありません．このうち，正20面体が10進法にもっとも適していて，その2面ずつに0〜9の数字を印したものが乱数サイです．色ちがいの数個の乱数サイを1組としてネット通販などで購入できます．

図 2.1　乱数サイ

数字の列ができますが, しかし, 乱数サイは正6面体のサイコロに較べると球に近い形をしているので, ころころと転がってなかなか静止しません. 短気な方はじれったくなります. そういう方には, **乱数表**をおすすめします.

乱数表には 0 から 9 までの数字がまったくでたらめに並んでいます. すでにたくさんの乱数表が発表されていて, 正真正銘のでたらめさを競い合っていますが, 表 2.8 はその一例です. これらの数字は, 人為的な癖がなく, でたらめであることが保証されていますから, 安心して使えます. 1桁の

表 2.8　乱数表の一例

82	69	41	01	98	53	38	38	77	96
17	66	04	63	41	77	51	83	33	14
58	26	41	01	59	68	98	40	57	93
07	16	73	31	65	61	64	17	83	92
13	43	40	20	44	75	93	89	23	44
26	86	01	11	93	19	96	29	40	36
38	75	35	82	11	00	81	89	17	75
62	86	84	47	47	44	88	10	83	73
62	88	58	97	83	35	14	27	88	69
56	63	41	73	69	71	11	08	02	22

…… (以下, 略) ……

(『新編 日科技連数値表─第2版─』, 38 ページの一部))

でたらめの数字が欲しければ, 8, 2, 6, 9, 4, ……というように1字ずつ使えばいいし, 2桁のでたらめの数字が必要なら, 82, 69, 41, ……というように使えばいいでしょう. けれども, いちど使っ

たところは二度と使ってはいけません.

　乱数表は,以前は野球の試合でバッテリー間のサイン交換にさえ利用されていました.試合時間を長引かせる元凶として禁止されましたが,何よりもスパイの7つ道具のひとつとして有名でしょう.スパイは,数字で表わした通信文に味方だけが持っている乱数表を加えたり,通信文の文字の位置を乱数表に従って移動させたりして送信し,受信した味方はそれを乱数表によって元の通信文に戻して解読するわけですが,こうすると,たとえ敵側に通信文を傍受されても解読されるおそれが減少します.人為的な操作は人間の知恵で看破しやすいのですが,偶然まかせの操作は人智の網にはかからないのです.

ランダム化する

　私たちはどうやら,0から9までの数字をでたらめに書きつづけることばかりに熱中しすぎたようです.私たちは,実験の順序や配列を人為的にではなく,偶然に任せて決定する方法を探しているところでした.

　話を具体的にするために,ごめんどうでも28ページの表2.3をもういちど見ていただけませんか.これは,A,B,C,Dという4種類のラーメンを,賞味する順番が公平になるようにと,4種類の順番に従って4人の評価員に採点してもらうために作った人為的な表でしたが,あにはからんや,4つおきに使われるやかんの欠陥がAにだけもろに影響して,公平どころの騒ぎではなくなってしまったのでした.そこで,評価員ごとの賞味の順序を偶然の所業に任せてしまおうというのです.

　偶然の所業に任せるために乱数表を使いたいのですが，A，B，C，Dへの乱数表のあてはめ方には，いろいろな策が思いつきます．たとえば，こんなのはいかがでしょうか．36ページの乱数表を2桁の数字の羅列とみなします．そして，頭から4つを選ぶと

　　　　82　69　41　01

です．これに，数字の小さいほうから，A，B，C，Dを対応させてください．すなわち

　　　　D　C　B　A

です．これをⅠに賞味してもらうときのラーメンの順番としましょう．ひきつづき2桁の乱数を4つ取り出し，数字の小さい順に，A，B，C，Dを対応させると

　　　98　53　38　77　　⟶　　D　B　A　C

となり，これがⅡに賞味してもらうときのラーメンの順番です．同様にして，ⅢとⅣのぶんは

　　　96　17　66　04　　⟶　　D　B　C　A

　　　63　41　77　51　　⟶　　C　A　D　B

となります．さらにⅤにも評価してもらいたいのなら，同じ作業をつづけて

　　　83　33　14　58　　⟶　　D　B　A　C

が得られるでしょう．なお，たまたま同じ数字が現われてしまったら，それをパスしてつぎの数字を使ってください．

　これらの結果をまとめると表2.9ができ上がります．これこそ偶然の神の御心のままに作り上げた順番と順序です．これにより，28ページあたりで表2.3を作った挙句に，順番はこれで公平になったけれど，順序についてはまだ不公平と悩んだことからも一挙に解放される

表2.9　**偶然の神の御心のままに**

評価員＼順番	1番目	2番目	3番目	4番目
Ⅰ	D	C	B	A
Ⅱ	D	B	A	C
Ⅲ	D	B	C	A
Ⅳ	C	A	D	B
Ⅴ	D	B	A	C
⋮	⋮	⋮	⋮	⋮

し，評価員の数も4人に限定する必要はないし，思いがけない要因と
して共振して実験がむちゃくちゃになる心配もないし，ばんばんざい
です．

　けれども，表2.9をよく見ると，気になることがありませんか？
どう見ても，Dは早めに，Aは遅めに賞味される傾向があるように
思えます．これで不公平はないのでしょうか．確かにそのとおり，A，
B，C，Dの間には多少の不公平があるようです．しかし，これでい
いのです．いや，決してよくはないのですが，仕方がないのです．偶
然によって生じた誤差は，前にも述べたように，実験の結果からその
大きさを推測したり，実験結果から切り離したりすることができるの
で始末がいいし，それに，9行ほど前の「ばんばんざい」のためには，
偶然による誤差がいくらか増すことには目をつぶらざるを得ないので
す．

　このようにして，実験の順序や配列を偶然の所業に任せることを，
実験の順序や配列を**ランダム化**する，あるいは，**確率化**するといいま
す．ランダム（random）というのは人為的なことはせずに偶然の所業

に任せることで，意志のない「でたらめ」を意味しますし，また，偶然の所業は一定の確率法則に従うので，こう呼ばれるのでしょう．

　26ページ以来，すっかり長くなってしまいましたが，実験者に自覚さえされないような系統誤差をランダム化することによって，偶然誤差に変えてしまうよう段取りすることが，実験を計画する第三歩といえるでしょう．

　練習問題をひとつ……，27ページの表2.2に，AとBとをペア・テストするとき，どちらが先に評価されるかによって不公平が生じるおそれがあるので，その不公平を排除するためにAとBとを交互に配置すると，AとBとは4文字を1周期として果てしなく繰り返されてしまい，4を周期とする変化と強烈に共振する危険性があって，この計画はとても採用できないという例をあげました．この計画をランダム化して，その危険性を取り除いてください．手段としては，乱数表や乱数サイ，ふつうのサイコロ，トランプ，百円玉，そのほか何を使っていただいても結構です．

実験回数をふやして誤差を減らす

　前節の最後に申し上げた練習問題に，私は乱数表を使って答えてみました．乱数表は36ページのものを使いましたが，前節の表2.9を作るためにすでに乱数表の3行目までは使用ずみですから，4行目からの

　　　　07　16　73　31　65　……

をいただくことにしました．この数字を1字ずつ取り上げ，それが偶数ならABの順，奇数ならBAの順としてペア・テストの順番を決め

ると, ペア・テストの順
番はランダム化されて,
表2.10 ができ上がりま
した.

表2.10　ペア・テストをランダム化する

評価員 ＼ 順番	1番目	2番目
I	A	B
II	B	A
III	B	A
IV	A	B
V	B	A
VI	B	A
⋮	⋮	⋮

しかし, まだ乱数表の
数字が無尽蔵に残ってい
ますから, この表は下方
へいくらでも続けていく
ことができます. そして,
評価員の数がふえていく
につれて, いいかえれば, ペア・テストの回数がふえていくにつれて,
AB の順と BA の順との割合は大数の法則*の教えるところに従って
50％ずつに近づき, 順序の不公平に起因する誤差はゼロに近づきます.

　そればかりか, 単純化された理屈の上では, 実験回数がふえるほど
実験結果の平均値は真の値に近づき, 偶然誤差の影響を免れることが
知られています. そこで, 実験回数と実験の精度との関係に触れてお
こうと思います.

　単純な例として, 第1章でも使った例題ですが, 精密天秤を使って
ダイヤモンドの重さを測る場合を想定してみましょう.

　まず, 1回目の測定……, いっしょうけんめいに測って w_1 という
値を得たのですが, この w_1 には ε(イプシロン)という誤差を含んで
いて, ε は 0 を平均値としたある正規分布

---

　*　試行回数がふえるにつれて, 理論的な確率が裏切られる可能性はほとんど
　　なくなっていく……, これを**大数の法則**といいます. 詳しくは『確率のはな
　　し【改訂版】』26 ページをご覧ください.

$$N(0, \sigma^2)$$

から偶然に取り出された1つの値であることは，12ページあたりと同じです．したがって，1回目の測定でわかったことは，ダイヤの重さが

$$w_1 + (\varepsilon)$$

であることです．

つづいて2回目の測定を行ない，w_2 という値を得たとしましょう．この w_2 にも $N(0, \sigma^2)$ から偶然に取り出された1つの値が誤差として含まれていますから，2回目の測定からはダイヤの重さが

$$w_2 + (\varepsilon)$$

という情報を得ました．もちろん，この (ε) は6行前の (ε) とは原則として同じ値ではありません．

ここで，1回目の測定から得た情報と2回目のそれとを同時に使います．つまり，w_1 と w_2 との平均値をもってダイヤの重さとみなします．誰もがそうするように，です．そうすると，ダイヤの重さ w は

$$w = \frac{1}{2}\{w_1 + (\varepsilon) + w_2 + (\varepsilon)\} \qquad (2.1)$$

となりますが，ここで，13ページですでに会得したように

$$(\varepsilon) \pm (\varepsilon) = \sqrt{2}(\varepsilon) \qquad (1.10) と同じ$$

であることを思い出していただきながら，式(2.1)を変形すると

$$w = \frac{1}{2}\{w_1 + w_2 + \sqrt{2}(\varepsilon)\}$$

$$= \frac{w_1 + w_2}{2} + \frac{1}{\sqrt{2}}(\varepsilon) \qquad (2.2)$$

が得られます．見てください．2回の測定値，w_1 と w_2 の平均値をも

ってダイヤの重さを w とみなすと，そのとき含まれる誤差は，1回だけの測定結果に含まれている誤差 (ε) に較べて $1/\sqrt{2}$ に減少しているではありませんか．

　さらにつづいて，3回目の測定を行ない，w_3 という値を得たと思っていただきます．もちろん，この w_3 にも (ε) が含まれていると覚悟しなければなりません．ここで，w_1 と w_2 と w_3 の平均値をダイヤの本当の重さ w としてみましょう．誰もがそうするように，です．そうすると，実は

$$w = \frac{w_1 + w_2 + w_3}{3} + \frac{1}{\sqrt{3}}(\varepsilon) \tag{2.3}$$

となることが簡単に証明できます．＊3回の測定結果の平均値をもってダイヤの重さとすれば，1回だけの測定結果をダイヤの重さとみなしたときに較べて，誤差が $1/\sqrt{3}$ に減ることが期待できるのです．

　同じような論法で，実験回数が4回なら誤差は $1/\sqrt{4}$，つまり $1/2$ に減少しますし，一般的にいうならば，n 回の実験を行なった結果を平均すると，誤差が $1/\sqrt{n}$ に減少するというのが，私たちが得た結論です．

　すべての実験は，もちろん，ダイヤの重さを測るほど単純ではありませんから，実験の回数 n をふやすと偶然誤差が常に $1/\sqrt{n}$ に比例して減少するといい切るのには無理があります．けれども，大まかな目安としては，実験誤差は実験回数の平方根に反比例して減少する，いいかえれば，実験の精度は実験回数の平方根に比例して向上すると覚えておくことを，おすすめします．

＊　212ページの付録1をご覧ください．

　だいぶ前のことですが，第1章でウナギの成長についての実験をしたとき，シラスウナギをいくつかのグループに分けて異なった条件下で飼育し，各グループごとに体重増加の平均値を求め，そのデータから最適な飼育条件を探そうとしたことがありました．そのとき，各グループに属するウナギの匹数については触れませんでしたが，各グループごとの体重増加の平均値の精度は，そのグループに属するウナギの匹数の平方根に比例して向上していたにちがいありません．

　実験回数と実験の精度をこのように正しく認識して，必要な精度を得るように実験回数を決めることを，実験を計画する第四歩に位置づけていいかもしれません．

過ぎたるは及ばざるがごとし

　ところで，41ページの下のほうに，「実験回数がふえるほど実験結果の平均値は真の値に近づき，偶然誤差の影響を免れ……」に対して，「単純化された理屈の上では」という気になる枕言葉が付けてありました．なぜそのような枕言葉が必要であったかというと，こういうことです．

　私たちは，母集団のある性質を知りたいけれども，母集団の構成要素の数があまりにも多くて，全数について測定するのが困難なとき，**標本調査**を行ないます．たとえば，中学生のプロ野球に関する好み，つまり，どのチームが好みか，ひいきの選手は誰か，ナイターとデーゲームのどちらがいいか，などを知りたいとき，300万人以上もいる中学生の全員にアンケート調査をすることなど実際問題として不可能です．そこで，中学生の中から数千人くらいの標本を無作為に抽出し

て標本調査を行なうことになります．もちろん，性別，地域別ごとに
層別するなどの細工はするかもしれませんが，標本調査であることに
変りはありません．*

　こういうとき，私たちは，全数調査は母集団全体を調査するのだか
ら母集団の真の姿をとらえていて，標本調査には多かれ少なかれ抽出
による誤差を含むから，標本調査は全数調査より精度が落ちると信じ
て疑いません．全数調査が標本調査と同じ期間に実施でき，しかも調
査や集計の過程で誤りを犯さないなら，確かにそのとおりです．

　けれども，現実には限られた人数の調査員を動員してアンケートを
とるのですから，全数調査ではべらぼうな期間を要してしまい，その
途中で選手の乱闘事件でも起きようものなら，事件の前後でプロ野球
に対する見方が変ってしまったりして，いったい，いつの時点での調
査なのか，わけのわからない結果になってしまう可能性があります．
かといって，調査員の数をふやすと質の低下を免れず，調査や集計の
過程での誤りがにわかにふえてしまうなどして，よい調査になるとは
限りません．こういう次第ですから，全数調査が標本調査より精度が
落ちる場合も少なくないのです．

　もっと実験らしい話題に変えてみましょう．また，しつこいようで
すが，精密天秤でダイヤモンドの重さを測定する「実験」をモデルに
しましょう．この測定は，その気にさえなれば何回でも繰り返すこと
ができます．測定者の疲労とか寿命など余計なことを考えなければ，

　＊　標本調査は，本文中に書いたような場合のほか，調査をすることによって
　調査対象品がこわれたり傷ついたりするときにも行なわれます．この場合，
　標本調査を抜取調査と読み代えていただいたほうが理解しやすいかもしれま
　せん．

無限の繰返しができると考えていいでしょう．いっぽう，現実に私た
ちが行なう測定は，たかだか数回とか，大いに頑張ったとしても数十
回とか数百回とか，いずれにせよ有限の回数です．ですから，私たち
が行なうダイヤモンドの重さ測定は，無限母集団からの標本調査とみ
なすことができます．

　この場合は母集団が無限母集団ですから，全数調査をすることは現
実的にも理論的にもできません．けれども，測定の回数を数百万，数
千万とふやしていけば，ほぼ全数調査に等しい効果があるでしょう．
このとき，理論的には測定回数の平方根に比例して精度が向上するか
らといって，現実的には数十回とか数百回とかの測定より，数百万回
や数千万回のほうが優れた結果を得るといえるでしょうか．たいてい
の場合，ノーです．数百万回もダイヤモンドを測り直したりしたら，
測定者の疲労はもちろんのこと，精密天秤の支点が摩耗するとか，最
高の硬度を誇るダイヤモンドによって天秤の皿に傷がつくとか，いろ
いろな原因によって新しい誤差が発生してしまうからです．これらは，
31ページあたりに，実験の量が多くなって時間的，あるいは空間的
な広がりがふえると，均一な環境条件を保てないために新しい誤差が
追加されてしまうと，抽象的に書いてあったことの具体例です．

　以上のような傾向をモデル化して図示してみたのが図2.2です．実
験回数が少ないうちは，回数の平方根に比例して確実に誤差が減少し
ていきます．この傾向は，回数がある程度までは保証していいでしょ
う．けれども，回数が度を超して多くなると，実験条件の不均一にも
とづく新しい誤差が追加されはじめ，それに気がつかずにさらに回数
をふやそうものなら，実験条件の不均一にもとづく誤差が加速度的に
増大して，そのために実験誤差の合計が増大しはじめます．なにごと

も，度を超してはいけません．

　では，どの程度の回数を境にして実験誤差の合計が増大しはじめるのでしょうか．これが，ケース・バイ・ケースであって，一概に申し上げられないから困るのです．それは，実験対象や投入できる費用など，実験の態様によって千差万別ですから，実験テーマについての固有の知識を動員して判断しなければなりません．ときには，やってみないとわからない，ということも少なくないのです．

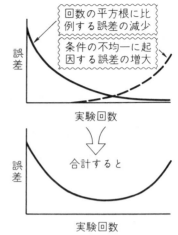

図2.2　**実験誤差のモデル**

ま，常識的にいえば，なにもそんなにやらなくてもいいではないかと感じるあたりが，誤差が減少していく限度のように思えます．この認識をもつことが，実験を計画するための第五歩かな？

　どうも歯切れが悪くて申しわけないのですが，しかし，実験回数をふやすと多くの費用や時間を費やすという欠点は誰もがよく認識しているのに，実験条件を均一に保てないための誤差については見過ごされがちなので，警鐘を鳴らした次第です．あしからず……．

3. 因子が1つ

——実験計画と分散分析——

因子と水準

　あまりしつこいと嫌われるかもしれませんが，またまたウナギの成長実験です．なにしろ，第1章ではウナギの成長実験を商品見本として展示したのですから，それが商品見本である以上，本文の中にもちょくちょく顔を出すのが自然の成り行きなのです．

　第1章の商品見本では，ウナギの成長を支配する要因は餌，水温，水質の3つであると考え，その3つの因子を組み合わせて実験の計画をたてたのでした……と書きながら，おやっと思うのです．この表現では要因と因子が使い分けられているようで，ないようで，なんともあいまいではありませんか．

　要因と因子の使い分けは，参考書によってまちまちなのですが，おおざっぱにいうと，結果に影響を与えそうな主要な原因を要因と通称し，要因のうち意識的に採り上げたものを**因子**(factor)と呼ぶと思え

ばいいでしょう．たとえば，オデンの味に影響を与えそうな要因とし
ては，オデンの種，ダシ，調味料，ナベの材質，フタの有無，温度な
どがあげられるでしょうが，すべての要因について実験をするのは手
間がかかりすぎるので，オデンの種，ダシ，調味料の組合せについて
だけ実験しようと決めたなら，オデンの種，ダシ，調味料の 3 つがこ
の実験の因子です．おや，どうしてウナギがオデンに変ってしまった
のかな？

　ウナギに話を戻します．第 1 章の商品見本では，餌，水温，水質の
3 つを因子として採用してウナギの成長実験を計画したのでした．け
れども，因子が 3 つもあるのは実験としてはやや高級のほうに属しま
す．いちばん単純な実験は，もちろん，因子が 1 つだけの場合です．
なんといっても，1 はすべての「はじまり」ですから……．*

　たとえば，ウナギの成長には餌が決定的な支配力をもつことが事前
にわかっているなら，そして，餌としてはビタミンかミネラルしか選
択の余地がないなら，実験の計画はつぎのようになるでしょう．同じ
ような大きさのウナギを 2 つのグループに分け

　　　　Aグループ　には　ビタミン

　　　　Bグループ　には　ミネラル

を，それぞれ与え，一定の期間の後に体重の増加を測定し，その結果
からどちらの餌がウナギの成長に適しているかを判定します．そして，
この実験データを記入するためのデータ・シートは，かりに，Aグ

　＊　1 をつぎつぎに加え合わせていくと，2 になり，3 になり，4 になり，……そ
　　して，すべての自然数ができてしまいます．で，ギリシアの昔，人々は数を
　　作り出す原料もやはり数なのだろうかと悩みに悩み，そして，1 は数ではない
　　との結論に達し，1 を数の「はじまり」と定義したそうです．日本でも，一と
　　書いて「はじめ」と読ませる名前が少なくないのは，そのせいかな？

表 3.1 基本的なデータ・シート

ビ タ ミ ン	ミ ネ ラ ル
………	………
………	………
………	………
………	………
………	………

ループ，Bグループともに5匹ずつのウナギを使うなら，表3.1のようになり，……と印したところに体重増加の値を記入することになるでしょう．

いまの例では，因子としては餌だけを採り上げていました．すなわち，因子が1の実験計画です．そして，もうひとつ特徴的なことは，因子である餌にはビタミンとミネラルしかなく，つまり因子の条件には2段階しかありません．このようなとき，この因子の**水準**(level)は2であるといいます．

もし，ひょっとしたらビタミンとミネラルを混合した餌が優れた効果を発揮するかもしれないというので，餌として

　　　　ビタミン，ミネラル，混合

の3種類を採り上げて実験するのであれば，餌という因子の水準は3，というわけです．そして，それぞれ5匹ずつのグループについて実験するなら，そのデータ・シートは表3.2のようになるでしょう．

水準(level)という用語が，ビタミン，ミネラル，混合の区分を表

表 3.2 こういうデータ・シートになる

ビ タ ミ ン	ミ ネ ラ ル	混　合
……	……	……
……	……	……
……	……	……
……	……	……
……	……	……

わすことに，いくらか抵抗があるかもしれません．水準という用語は，一般には，水準が高いとか低いとかいわれるように，値の高低を表現しているからです．それでは，こういう例はどうでしょうか．沸騰したお湯に入れた卵が何分で

好みの固さにゆで上がるかを実験してみてください．料理の経験がない方にとっては，ゆで卵ができ上がるのに何分くらいかかるかよくわからないのですが，けれども，まさか 1 分以内に固まってしまうこともなさそうですし，かといって，十数分も熱湯の中でゆでられれば，いくらしぶとい卵でもたいていは往生してしまいそうなものです．で，卵をゆでる時間を 3 分おきに

  1，4，7，10，13，16 分

と変化させることにしましょう．つまり，ゆで時間という因子を 6 段階に変化させるのです．そうすれば，好みの固さにゆで上がる時間が発見できるにちがいありません．どうですか．こんどは，1，4，7，……と順次に level が変化していますから，因子の水準が 6，という表現がぴったりではありませんか．

　この実験で各水準あたり 3 個ずつの卵を使うことにすると，データ・シートは表 3.3 のようになるはずです．ここで，表 3.1，表 3.2，表 3.3 を較べてみてください．いずれも因子が 1 つで，その因子の条件が水準の数だけ**行**の方向に並んでいる点が共通しています．この場合，**列**の方向は実験の**繰返し**を意味しています．もちろん，因子の水準を列の方向に並べ，行の方向には実験の繰返しをとることもできますが，因子の水準を行と列の同方向に同時に配置することはできませ

表 3.3　何分で卵が固まるか(水準 6)

1 分	4 分	7 分	10分	13分	16分
……	……	……	……	……	……
……	……	……	……	……	……
……	……	……	……	……	……

ん．

　このように因子の水準が，行か列の一方にしか配置されない実験の計画法を**一元配置法**といいます．なぜ，とりたてて一元配置法などと命名するかは，92 ページあたりで二元配置法の説明を読んでいただくと，自動的に理解できる仕組みになっていますので，しばらくお待ちくださいますよう……．

一 元 配 置 法

　ウナギがオデンに変ったり，いきなりゆで卵が現われたりして，ややこしくて仕方がありません．そこでもうしばらく，ゆで卵の話を進めます．卵が何分で好みの固さにゆで上がるかの実験について話を進めようというのです．

　卵はもちろん鶏卵のことですが，それにしても，大きめのや小さめのや，殻が厚いのや薄いのや，熱に対してしぶといのや，だらしがないのや，いろいろですから，卵によってゆで上がりの時間に差異がでそうです．直感的には大きい卵ほどゆで上がるまでに時間を要しそうですが，うどの大木というくらいですから，大きいほうが熱に弱いかもしれないので自信がありません．自信がないくらいなら，卵によって生ずるゆで上がり時間の差異は，33 ページに述べた思想に従って積極的に偶然誤差としてしまうのが良策というものでしょう．

　そこで，表 3.3 の実験計画，つまり，水準の数が 6 で，各水準ごとに 3 回ずつの実験を行なうために 18 個の卵を使う計画を，乱数表を利用してランダム化してしまいましょう．まず，卵に①から⑱までの番号をマジックペンか何かで書いてください．大きい順でも色が白い

順でも，手当り次第でもかまいません．手当り次第に番号を印したの
なら，その番号順はすでにランダム化されているので，番号順に3個
ずつの卵を1分，4分，7分，……に割り当ててもいいかもしれません
が，ひょっとして，「手当り次第」に思いがけない癖がひそんでいて，
30ページで警告したような恐るべき共振が起るとたいへんですから，
やはり，是が非でも乱数表を利用してランダム化しようと思います．

　乱数表は，36ページに例示した表2.8の6行目から2桁の数字と
して使うことにしましょう．すなわち，私たちの乱数は

　　　26　86　01　11　93　　19　96　29　40　36
　　　38　75　35　82　(11)　00　81　89　17　(75)

とつづきますが，この中には11が2回も現われていますので，（　）
をつけた11は取り除きます．そして，この乱数に卵の番号①〜⑱を
一対一に対応*させます．すなわち

　　　26　86　01　11　………　89　17
　　　↕　↕　↕　↕　（中略）　↕　↕
　　　①　②　③　④　………　⑰　⑱

です．つぎに，これを乱数の小さい順に並び換えてください．そうす
ると

　　　00　01　11　17　………　93　96
　　　↕　↕　↕　↕　（中略）　↕　↕
　　　⑮　③　④　⑱　………　⑤　⑦

となるはずです．これで卵の順序は完全にランダム化されました．あ

　＊　「一対一の対応」は，数学的な考え方の基本です．興味のある方は，拙著，
　　『論理と集合のはなし【改訂版】』41ページ，107ページなどをご覧ください．

とは，この順序に従って3個ずつの卵を1分，4分，7分，……の水準に割り当てていくと，表3.4のような割付けができ上がります．

表3.4 ランダム化した割付け

1 分	4 分	7 分	10分	13分	16分
⑮	⑱	⑧	⑪	⑯	⑰
③	⑥	⑬	⑨	⑭	⑤
④	①	⑩	⑫	②	⑦

　なんだか，ずいぶん大げさなことをやってしまいました．このくらいのことなら乱数表を使うより18本のくじに①から⑱までの番号を書いておき，順番にくじを引くことによってランダム化するほうが手軽だったようですし，乱数表を利用するにしても，もう少し気が効いた方法があるかもしれません．各人でくふうをしてみてくれませんか．練習台としては，5匹ずつのウナギに餌として，ビタミンかミネラルか混合餌を与えて成長のぐあいを調べるための表3.2などを使ってください．

　この節の例のように，因子が1つの場合に，実験材料の，あるいは，実験そのものの時間的，空間的配置を完全にランダム化してしまうような実験の計画を**完全無作為法**などと呼んでいます．

　そういえば，第2章で，A，B，C，Dという4種類のカップラーメンの味を評価するに当って，試食の順番や順序が成績にかなりの影響を及ぼしそうなので，ランダム化することによってその影響を偶然誤差に変換したことがありました．その結果が39ページの表2.9なのですが，その一部を省略してもういちど書いたのが表3.5です．ところで，この実験に採り上げられている因子はなんでしょうか．そし

表3.5　因子はなに？　水準はいくつ？

評価員＼順番	1番目	2番目	3番目	4番目
Ⅰ	D	C	B	A
Ⅱ	D	B	A	C
Ⅲ	D	B	C	A
Ⅳ	C	A	D	B
Ⅴ	D	B	A	C

て，その水準の数は……？

　ふりかえって，この実験の目的を考えてみると，それは，A，B，C，Dという4種類のラーメンの味を評価し，もっとも美味なラーメンを決めようというところにありました．そこで，ラーメンの種類をつぎつぎに変化させながら味を評価したのでした．ちょうど，卵をゆでる時間をつぎつぎに変化させながらゆで卵の固さを観察したように，です．そうすると，ゆで卵実験では時間が因子でしたから，ラーメン実験ではラーメンの種類が実験の因子に違いありません．したがって，水準の数は4です．

　さて，表3.1，表3.2，表3.3，表3.4はすべて一元配置法といわれる実験計画でした．そして，一元配置法では因子の水準が行の方向か列の方向かに並んでいるのでした．ところが，表3.5では行の方向には賞味される順番が，縦の方向には評価員の名前が並んでいるではありませんか．このうち，評価員のほうは，本来，1人でも2人でも実験としては成立するのですが，実験の精度を向上させるために数をふやしたにすぎませんから，実験の繰返し数に相当します．そうすると，表3.5は，行の方向に順番が並んでいますから，いかにも順番が因子

であるかのように見えてしまいます。そこで，因子であるはずのラーメンの種類を行方向に並べて書き直してみたのが表3.6です。こんどは，表3.1〜表3.4と同じような一元配置法の表現です。

表3.6　このほうが実験計画らしい

ラーメン 評価員	A	B	C	D
I	4	3	2	1
II	4	2	1	3
III	4	2	3	1
IV	3	1	4	2
V	4	2	1	3

表3.5と表3.6は，まったく同じ内容を示しています。ちょうど，5ページの表1.3に併記した(a)と(b)と(c)とが内容的には表1.2とまったく同じであったように，です。ですから，表3.5と表3.6のどちらが優れているかは一概にはいえないのですが，けれども，一元配置法という実験計画のひとつであることを明らかにしておきたいなら，どうぞ，表3.6のように書いてください。表3.6のように書き改められた実験計画は，因子はラーメンの種類だけで，その水準の数は4，実験の繰返し数は5，そして，実験結果に影響を与えそうな賞味の順序は，完全にランダム化されて偶然誤差の中に混入されてしまっている……ということです。

層別？　因子が2つ？

ゆで卵の話がつづきます。前節では，大きい卵ほどゆで上がるまでに時間がかかりそうに思うけれど，その確信もないので，個々の卵ごとのゆで上がり時間の誤差が偶然誤差になるように手を打ったのでした，けれども，やっぱり，卵の殻の厚さの違いや，熱に対する抵抗力

の差異などに較べれば，卵の大きさがゆで上がり時間に対する効きめ
を大きくしているように思えてなりません．それほど気になるなら，
23 ページあたりで述べた思想に従い，卵を大きさによって層別して
から実験にかかればよさそうなものです．そこで，まず卵を

　　　大きめ，中くらい，小さめ

に分類し，それぞれの分類から 6 個ずつの供試品を選んで実験にかか
ります．もちろん，この場合でも各分類ごとに 6 個の卵の配列はラン
ダム化しておいたほうが，無難です．ランダム化するためには乱数表
のお世話になるのも結構ですが，こんどは「6」ですからサイコロが
うってつけの役者でしょう．

　まず大きめの分類から取り出した 6 個の卵に①から⑥までの数字を
印し，サイコロを振って⊡が出たら②の卵を 1 分のところに配置し，
つぎに⊠が出たら⑤の卵を 4 分のところに配置するという作業を，
同じ目が出たらやり直しながら 6 個の卵の配置が決まるまで無心に繰
り返していただきます．同様な手順を中くらいの 6 個についても，小
さめの 6 個についても実行していただけば，供試品の割付け作業完了
です．私がばか正直にこの作業を行なってみたところ，表 3.7 のよう
な割付け表ができました．

　さて，あらかじめ層別され，それぞれの層の中ではランダム化され
ている表 3.7 は，第 2 章で述べた層別とランダム化の長所を採り入れ
ているので，優れた実験計画のように思えます．けれども，ここに大
きな問題がひそんでいるのですから油断なりません．

　表 3.8 をご覧ください．実験の結果が (a) のようになったとしまし
ょう．せっかく層別してはみたものの，層ごとの差はなさそうです．
層ごとの差がないことを知っただけでも，層別の苦労は充分に報われ

表3.7 層ごとにランダム化してみたら

卵 ＼ 時間	1分	4分	7分	10分	13分	16分
大 き め	②	⑤	⑥	③	①	④
中くらい	③	②	④	⑥	①	⑤
小 さ め	⑤	①	③	④	②	⑥

表3.8 層別するべきか，せざるべきか，それが問題だ

(a) 差がなさそう

卵 ＼ 時間	1分	4分	7分	10分	13分	16分
大 き め	×	△	○	◎	◎	◎
中くらい	×	△	○	○	◎	◎
小 さ め	×	△	○	◎	◎	◎

(b) 差がありそう

卵 ＼ 時間	1分	4分	7分	10分	13分	16分
大 き め	×	△	△	○	○	◎
中くらい	×	△	○	◎	◎	◎
小 さ め	△	○	◎	◎	◎	◎

(c) 差があるのかな？

卵 ＼ 時間	1分	4分	7分	10分	13分	16分
大 き め	×	×	△	○	○	◎
中くらい	×	△	○	◎	○	◎
小 さ め	×	○	△	◎	◎	○

（◎かたすぎ，○ちょうどよし，△半熟，×べちゃべちゃ）

ています．卵は大小にかかわらず7分くらいゆでればいい，半熟を希望するなら，4分くらいで，どうぞ……．

　実験の結果(b)のようになったとしたら，どうでしょうか．こんどは層ごとにはっきりとした差がありそうです．つまり，ゆで上がり時

間には卵の大きさが決定的に効くのです．大きめの卵なら 10 分以上
は待たないとゆで上がらないし，小さい卵なら 4 分で充分，というの
ですから，卵の大きさをよく見きわめて判断が狂わないよう注意しな
ければなりません．さもないと，べちゃべちゃの卵で手を汚したり，
ごちごちになって黒ずんだゆで卵を食べるはめになります．

　実験結果が(c)であったら，どう考えたらいいでしょうか．なんと
なく層ごとに差がありそうで，なさそうで，迷ってしまうではありま
せんか．大きめのほうがいくらかはゆで上がりの時間が長い傾向も見
られますが，逆転しているところもあったりして，個々の卵のばらつ
きのせいではないかとの疑いも捨てきれず，各条件ごとの実験がたっ
た 1 回ずつの結果から，大きいほうが時間がかかると断言するのは気
がひけます．

　いま私たちは，何分くらいで卵がゆで上がるかを知ろうとして，ゆ
でる時間を因子に選び，その因子を 1 分，4 分，……，16 分という 6
段階の水準に変化させながら実験をしているところでした．それは，
何分ぐらいで卵がほどほどに固まるかを知りたいからです．もし，実
験の結果が(a)であるなら，私たちの結論は，卵は大小にかかわらず
7 分くらい……となるし，実験結果が(b)なら，大きめの卵は 10 分以
上，中くらいの卵は……と結論づけることになります．

　これに対して，実験結果が(c)のときは，卵の大きさによってゆで
上がり時間に差があるか，ないかを決めてからでないと答えが出せま
せん．いいかえれば，この実験では，ゆでる時間だけを因子としてき
ましたが，卵の大きさのほうも実験の因子として採り上げないことに
は，実験が成立しないのではないかと思うのです．すなわち，実験結
果が(c)のようになるかもしれない実験では，因子が 2 つあると考え

て実験を計画しなければなりません．これは，因子が1つの場合に限って話を進めているこの章の守備範囲から完全に逸脱することを意味します．

　この章では，とりあえず，因子が1つの場合についてだけ話を完結させたいと思いますので，因子が2つの実験計画については，つぎの章まで待っていただきます．

　いずれにせよ，実験を計画するときには，中でも層別を含んだ実験を計画するときには，実験の結果にある程度の見込みをもって計画を立案しなければなりません．ことと次第によっては，まったく見込みのたたない実験をしなければならないこともありますが，そのときには，効率の悪い実験になってしまうリスクを覚悟しておく必要があります．

　なお，あらかじめ層別が成功すると期待できるような場合，すなわち，表3.8の(b)のような結果がでると期待できるような場合には，1つの実験として取り扱わずに，異なった3種類の実験，つまり，大きな卵をゆでる実験，中くらいの卵をゆでる実験，小さい卵をゆでる実験の3つに分けて計画するほうが，きめ細かい配慮ができることが少なくありません．

　たとえば，表3.9を見てください．卵の大きさごとに，べちゃべちゃから半熟を経てかたくなりすぎるまでの経過が細かく観察できるように，ゆで時間の水準を変えてあります．このほうが，卵の大きさにかかわらず画一的な水準を与えるより，きめ細かい実験計画といえるでしょう．

表 3.9 独立した 3 つの実験に分ければ

時　　間	1分	4分	7分	10分	13分	16分
大きい卵	②	⑤	⑥	③	①	④

時　　間	1分	2分	4分	7分	10分	13分
中くらいの卵	③	②	④	⑥	①	⑤

時　　間	0.5分	1分	3分	5分	7分	9分
小さい卵	⑤	①	③	④	②	⑥

実験データの処理を気遣う

　ウナギ，オデン，ゆで卵と話題が一巡したところで，再びウナギに戻ります．しつこいなどと冷やかさないで，クラッシックの世界ではバッハに始まりバッハに終わると言われるぐらいですから，あまり関係ないけれど，ま，そうしておいてください．

　この章では，因子が1つだけの場合について実験計画の立て方を紹介してきました．けれども，前ページにも書いたように，どのような計画を立てるときでも，結果がどう出るかについてある程度の見通しをもっていなければなりません．新しい商品の開発計画を立てる時には，技術的に成功する可能性とか投資に見合う収益など多くのことに対する見通しがなければいけないし，人生を計画するときにも自分の能力や意志ばかりではなく，計画の成否を左右するかもしれない環境条件などにも思いをいたして，人生計画が成就する可能性について見通しをもっていなければ，そんなものは夢であって計画ではありませ

ん.

　実験の計画の場合も，同じことです．結果がわからないから実験して
みるのだと投げやりなことをいわずに，あらゆる知識を動員して結
果を予測してみてください．数ページ前にご説明した卵をゆでる実験
の計画表3.9で，卵を大きさによって層別し，各層ごとにゆで時間の
水準にきめ細かい配慮ができたのも，あらかじめ実験の結果に見通し
をもったからにほかなりません.

　さて，実験の結果に見通しをもつためには，実験データをどのよう
に整理し，判断するかについての知識が必要不可欠です．だいたい，
自分が実験して得たデータをどのように処理するのかのイメージもな
いようでは，計画の段階で落第というものです．そこで，因子が1つ
の場合について，データ処理と判断のしかたについて概説してみよう
と思います.

　やっとウナギに戻りました．50ページを繰って見ていただけると
ありがたいのですが，同じような大きさのウナギを5匹ずつ3つのグ
ループに分け，各グループに与える餌をビタミン，ミネラル，混合と
に区分したとき，一定期間の後に，ウナギの体重がどれだけ増したか
を記録するデータ・シートがそこにあります．すなわち，因子は1,
その水準の数が3, 実験の繰返し数は5という実験の計画です．こ
の実験を実行したところ，その結果が表

表3.10　ウナギの体重増加（グラム）
——これから，なにがわかる？——

繰返し ＼ 餌	ビタミン	ミネラル	混合餌
1	16.5	15.5	16.5
2	15	14.5	15.5
3	16.5	14	16
4	14.5	14.5	16
5	16	13.5	18

3.10 のようになったと思っていただきます. さて, このデータを, どう処理し, どう判断したらいいのでしょうか.

　ざっとデータを眺めると, 混合餌がいちばん成長を促しているように見えます. けれども, 混合餌の場合でもデータが 15.5 グラムから 18 グラムまで 2.5 グラムもの幅でばらついていますから, 2.5 グラムくらいはウナギの個体差によってばらつくのかもしれません. それなら, いちばん成長が少なそうに見えるミネラルのデータが, ウナギの個体差によって 2.5 グラムくらい損をしているかもしれないので, 2.5 グラムずつ加えてみると明らかにビタミンや混合餌のデータを上回ってしまいます.

　つまり, 混合餌がビタミンやミネラルより本質的に優れた餌なのか, 偶然のバラツキの結果でそう見えるだけなのか, 判断がつかないのです. この疑問を解明し, 正しい判断を得るためには, どうすればいいのでしょうか.

　どうすればいいかを解説するのは, 実は, たいして難しくありません. ああやって, こうなってと, **分散分析***の参考書に書いてあるような手順に従いさえすれば見事に答えが出てしまいます. それはまるで見事な手品のようです.

　けれども, なぜ, その手順に従えばああやるとこうなるのかの理屈が, 得体不明で理解しにくいのです. そこで, 話の進展が牛の歩みのように遅くとも, ひとつひとつを納得しながら前進するのがこの本のモットーですから, 手品の種あかしのほうから思考の糸をたぐっていこうと思います.

---

　*　分散分析については, すでに 15 ページで触れました.

種を仕掛ける

　世の中は理屈どおりにいかないよ，とおっしゃいますが，世の中が
まったく理屈なしに動いているわけではありません．もっとも，その
理屈は神様だけがご存知で，私たちには知らされていないことが多く，
だから実験なんぞが必要になってしまいます．そこで，まず神様の立
場になって理屈の種を仕掛けていきましょう．

　表3.11を見てください．3種類の餌がウナギの成長に及ぼす効果
が完全に等しく，個々のウナギも正確にその効果を受けるなら，表
3.11の上段のように，実験結果のデータ・シートは同じ数値で埋め
つくされるにちがいありません．つまり，15匹のウナギの全員が，
たとえば15.5グラムずつの体重増加を示すはずです．

　ところが，3種類の餌にはウナギの成長を促進させる効果に差があ
り，かりに，表3.11の中央の欄のように，ビタミンをスタンダード
にして，ミネラルはそれより1グラムだけ抑制する効果があり，混合
餌は1グラムだけ促進する効果があるとしてみましょう．もちろん，
個々のウナギは正確に餌の効果を受けると考えるのです．そうすると，
実験データは，表3.11の下段のように，ビタミンを与えられた5匹
のウナギは15.5グラムの成長を示し，ミネラルを食べたウナギは揃
って14.5グラム，混合餌のウナギはすべて16.5グラムの成長を示す
と信じていいでしょう．

　ところが，ウナギは生きものです．15匹の個体がぴったり同じと
は考えられませんから，餌の効果の受け止め方には多少の差があるに
決まっています．そのために，ウナギの個体ごとに成長のしかたに誤
差が発生します．

表 3.11　列の効果を加える

まったく差がなければこうなるはず

繰返し ＼ 餌	ビタミン	ミネラル	混合餌
1	15.5	15.5	15.5
2	15.5	15.5	15.5
3	15.5	15.5	15.5
4	15.5	15.5	15.5
5	15.5	15.5	15.5

＋

餌の効果に差があるなら

1	0	− 1	1	
2	0	− 1	1	
3	0	− 1	1	計 0
4	0	− 1	1	
5	0	− 1	1	

＝

こういう結果になるはず

1	15.5	14.5	16.5
2	15.5	14.5	16.5
3	15.5	14.5	16.5
4	15.5	14.5	16.5
5	15.5	14.5	16.5

　表3.12に目を移してください。上段の値は表3.11の下段と寸分ちがいません。それに、中段のような誤差が加算されると思っていただきます。誤差は、ゼロを中心とした正規分布をするのがふつうですから、この例でも誤差の総計が0になるよう仕組んであります。これら

表 3.12　誤差によるバラツキを加える

餌の効果が誤差なく発揮されると

餌 繰返し	ビタミン	ミネラル	混合餌
1	15.5	14.5	16.5
2	15.5	14.5	16.5
3	15.5	14.5	16.5
4	15.5	14.5	16.5
5	15.5	14.5	16.5

＋

誤差があれば

繰返し	ビタミン	ミネラル	混合餌	
1	1	1	0	
2	− 0.5	0	− 1	
3	1	− 0.5	− 0.5	計 0
4	− 1	0	− 0.5	
5	0.5	− 1	1.5	

＝

こういう結果になるはず

繰返し	ビタミン	ミネラル	混合餌
1	16.5	15.5	16.5
2	15	14.5	15.5
3	16.5	14	16
4	14.5	14.5	16
5	16	13.5	18

の誤差が加算されると，実験のデータは表 3.12 の下段のようになります．

　神様が仕掛けた種は，以上のとおりです．その結果として，私たちは表 3.12 の下段のような実験データを入手することになります．ところが，困ったことに，私たち人間は実験データは入手できるものの，

そのデータに仕掛けられた種については，まったく知る術がありません．3種類の餌がウナギの成長に対してどれだけの効果を及ぼすのかもわからないし，個々のウナギが示す誤差についても皆目わからないのです．それにもかかわらず，私たちは入手した実験データから何とかして誤差を分離し，3種類の餌の効果を推測しようと，けなげにも挑戦するのです．

種 を 見 破 る

どーんと，表3.13のような実験データを入手しました．この表は，表3.12の下段と同じですから，神様によって3種類の餌による効果と，ウナギの個体差による誤差とがひそかに仕掛けられています．それらの仕掛けを見破って真実に対する見事な判断を示してください．

　　　東海の小島の磯の白砂に　われ泣きぬれて　蟹とたはむる

という石川啄木の歌に，韓国のある先生が日本人の特異な意識構造を見出したそうです．はじめに広々とした「東海」があり，それがつぎに「小島」に縮まる，その「小島」は「磯」に，「磯」はさらに「白砂」「蟹」とどんどん縮まって，最後には一滴の涙となる，広大な世界を涙一滴にまで縮める操作，それが日本人の特徴だというのです．合点がいくような，いかないような説ですが，しかし，一般的にいえば，まず全体を意識し，だんだんと細部にはいっていくのが当り前の思考パターンのように思えますし，細部にこだわって大局を見ないようでは，万事，ひとさまの後塵を拝すること請合いです．

そこで，表3.13の全体に目をやります．前ページの表3.12の下段

表 3.13　こういう生データを入手した

繰返し ＼ 餌	ビタミン	ミネラル	混合餌
1	16.5	15.5	16.5
2	15	14.5	15.5
3	16.5	14	16
4	14.5	14.5	16
5	16	13.5	18

表 3.14　こうして誤差を分離する
こういう生データを入手した

繰返し ＼ 餌	ビタミン	ミネラル	混合餌	
1	16.5	15.5	16.5	
2	15	14.5	15.5	
3	16.5	14	16	平均 15.5
4	14.5	14.5	16	
5	16	13.5	18	
列の合計	78.5	72	82	
列の平均	15.7	14.4	16.4	
列の効果	0.2	− 1.1	0.9	

▼

列の平均を引く

繰返し ＼ 餌	ビタミン	ミネラル	混合餌	
1	0.8	1.1	0.1	
2	− 0.7	0.1	− 0.9	
3	0.8	− 0.4	− 0.4	平均 0
4	− 1.2	0.1	− 0.4	
5	0.3	− 0.9	1.6	

を見ていただいてもいいし，表 3.14 の上段にも同じ数値を並べてあります，計算してみるとすぐわかりますが，全体の平均は 15.5 です．すなわち，実験に使われた 15 匹のウナギは，実験期間中に平均して 15.5 グラムの体重増加を示したことになります．そして，ミネラルを与えられたウナギの成長はそれより下回る傾向があり，混合餌を与えられたほうは，平均を上回る傾向が見られます．そこで，ビタミンを与えられた 5 匹のウナギ，

行の効果ありや

ミネラルを与えられたウナギーズ，混合餌を与えられたウナギーズの区分ごとに平均を求めてみましょう．つまり，列ごとに平均を求めるのです．手順はなんでもありません．列ごとに5つの値を合計して「列の合計」を求め，それを5で割れば「列の平均」が算出されます．それが，表3.14の上段の下に接して書いてあります．

　ビタミンの列を見てください．ビタミンを与えられた5匹のウナギは平均して15.7グラムだけ体重が増加しています．つまりビタミンの列では「列の平均」が15.7です．ウナギ全体の平均はちょうど15.5でしたから，ビタミンの列は全体の平均より0.2だけ多いことがわかります．ビタミンには平均を0.2だけ上回る効果があるにちがいありません．そこで，表3.14のようにビタミンの列の下には「列の効果」として0.2と書いてあります．

　同じようにミネラルの列では平均が14.4で全体の平均より1.1も下回っているので「列の効果」は−1.1，混合餌の列では平均が全体の平均を0.9だけ上回っているので「列の効果」は0.9というわけです．

これらの列の効果は，ちょうど，65 ページの表 3.11 で，3 種類の餌の効果が等しく，個々のウナギも誤差なくその効果を受け入れるなら，15 個のデータは揃って 15.5 になるはずだが，餌の効果，つまり列の効果に差があるなら，そのぶんだけ列ごとの値がいっせいに増減するにちがいないと考えたことに相当します．ただ，神様が仕掛けた種は (0, −1, 1) でしたが，私たちが求めた効果は (0.2, −1.1, 0.9) であり，ちょっと異なるところが残念です．神ならぬ凡庸の身としては詮ないところでしょう．

つぎへ進みます．表 3.14 をもういちど見てください．列の効果にだけ差があり，個々のウナギが誤差なくその効果を受け入れるなら，列ごとの値は等しくなければなりません．けれども，現実のデータは列の中においてもばらついています．きっと，ウナギによって列の効果の受け入れ方に誤差があるのでしょう．

そこで，個々のウナギによる誤差を抽出してみます．それには，個々のデータと列の平均の差を求めればいいはずです．なぜって，ビタミンには 0.2 の列の効果があるので列の平均は 15.7 であり，もし，ウナギに個別差がなければ 5 匹とも揃って 15.7 になるはずなのに，現実には，16.5，15，16.5，14.5，16 となっているのですから，15.7 からのずれを個々のウナギの誤差とみなすのが妥当だからです．

こういう理由で，生のデータから各列ごとに「列の平均」を差し引くと表 3.14 の下段の値が得られ，これらの値をウナギごとに生じた誤差とみなすことにします．

ここで，そっと 66 ページの表 3.12 を見てください．そこには神様が仕掛けた誤差の値があります．私たちが摘出した誤差と較べてみると若干の差があります．やはり神ならぬ私たちとしては，神様の仕掛

けを完全には見破ることはできませんでした．けれども，だいたいの
ところは合っていますから．一応は満足していいでしょう．

　私たちが求めた誤差の大きさと神様が仕掛けた種の間に若干の差異
が生じてしまう理由は，つぎのとおりです．表 3.12 の中段，つまり，
神様が仕掛けた誤差を見ていただくと，列ごとの合計がゼロにはなっ
ていません．誤差は正規分布に従う偶然のいたずらとして起るのです
から，列の合計がゼロに近づく傾向はあるにしても，常にぴったりゼ
ロになるとは限らないのです．ところが私たちが誤差を推算した過程
を振り返ってみると，列ごとに平均を求め，各データと平均との差を
誤差とみなしましたから，結果的には各列ごとの誤差の合計がゼロに
なっています．なにかを基準として誤差を推算する以上，平均値を基
準とするのがいちばん当を得た方法ですし，そうするしかないのです
が，ここに，神様が仕掛けた種と私たちが推定した値との間に差が生
じた理由があります．

　列ごとに神様の仕掛けた誤差の合計がゼロでないとき，人智をもっ
てそれを見破る方法がないことは，表 3.15 を見ていただくとすぐわ
かります．左半分では列の効果が ± 3，右半分では列の効果が ± 4 で
すから，明らかに相違があるのに，その相違を補正するように誤差の
大きさを修整すると，同じ実現値になってしまうではありませんか．
このように，仕掛けられた誤差の列ごとの合計がゼロでないときは，
そのぶんが列の効果として仕掛けられたのか，誤差に含ませて仕掛け
られたのか，実現値しか知ることができない私たちとしては区別する
ことができないのです．したがって，与えられたデータから表 3.14
の手順によって列の効果と誤差とを分離するのが，人智でできる最大
の努力ということができます．最大の努力を払っても生じてしまう狂

表 3.15　人智では知り得ないこともある

平均の値	10　　10 10　　10	10　　10 10　　10
	＋	＋
列の効果	3　　−3 3　　−3	4　　−4 4　　−4
	＋	＋
誤　　差	−1　　−2 2　　　1	−2　　−1 1　　　2
	‖	‖
実 現 値	12　　　5 15　　　8	12　　　5 15　　　8

いについては，この際，がまんするほかありません．

効果の有無を判定する

　話をすすめます．前の章では，実験で得た生(なま)データから，人智の限りを尽くして餌による効果(列の効果)と個々のウナギによる誤差とを分離したのでした．その結果を表3.16にまとめてあります．効果の欄は，同じ数値を5行にもわたって繰返さずに1行だけ書けばよさそうなものを，とお思いでしょうが，たった1〜2回の繰返しで得た値と5回も繰返して得た値とでは，当然，重みがちがうので，「5回」を強調したくて5回ぶんを書いておきました．

　ここで私たちは重要な判断を迫られます．私たちが実験をした目的は，3種類の餌がウナギの成長に与える効果に差があるかどうかを確

表 3.16　確かに効果があるか

	繰返し	ビタミン	ミネラル	混合餌
	1	0.2	− 1.1	0.9
	2	0.2	− 1.1	0.9
効　果	3	0.2	− 1.1	0.9
	4	0.2	− 1.1	0.9
	5	0.2	− 1.1	0.9
	1	0.8	1.1	0.1
	2	− 0.7	0.1	− 0.9
誤　差	3	0.8	− 0.4	− 0.4
	4	− 1.2	0.1	− 0.4
	5	0.3	− 0.9	1.6

かめることにありました．差があることが確認できたら，餌の入手し
やすさとか扱いやすさとかの条件も勘案して，最適の餌を選択するこ
とになるでしょう．

　ところで，表 3.16 を見ていただくと，餌の効果は混合餌が 0.9 で
最高であり，ミネラルは最低の −1.1 です．3 種類の餌には効果に差
があり，混合餌が最高であることは，これで一目瞭然……と思うので
すが，いかがでしょうか．

　しかし，ここが問題です．私たちは，生データのばらつきのうち，
はじめに列の効果を分離し，分離できない部分を誤差とみなしてきた
のですが，本当にそれでいいのでしょうか．ひょっとすると，もとも
と列の効果などまったくなく，生のデータのばらつきがすべて誤差で
あり，たまたま混合餌の列にはプラスの誤差が，また，ミネラルの列
にはマイナスの誤差がちりばめられたに過ぎないのかもしれないでは

ありませんか．ありもしない効果をあるように思い込むようでは，ま
さに，幽霊の正体みたり枯れ尾花，です．どうしても，列の効果が本
当に存在するかどうかをチェックしなければなりません．

　では，列の効果などはじめからなかったのだと仮定してみましょう．
お気付きのように，こういう仮説をたてて，それを**検定***してみよう
というのです．列の効果が根っからないのが本当なら，生データは同
じ母集団から取り出された 15 個のデータを勝手に 3 つの列に分けて
並べたにすぎず，ちょっと見には列ごとに効果の差がありそうに見え
ても，それは偶然のいたずらによるばらつきにすぎないはずです．

　けれども，偶然のいたずらにも限度があります．ある列にだけ大き
な値が集中し，他のある列には小さい値だけが集中するようなことが
偶然に起る確率は，非常に小さいにちがいありません．したがって，
そのようなことが起ったら，それは偶然のいたずらではなく，もとも
と列ごとに差があるのだと信じるほうが自然ではありませんか．

　そこで，

$$\frac{列の効果のばらつきの大きさ}{誤差のばらつきの大きさ}$$

という値を計算し，その値が偶然ではめったに起らないほど大きな値
なら，列の効果など根っからなかったのだという仮説を捨てて，列ご
との効果が存在すると信じることにしましょう．なにしろ，個々の誤
差のばらつきと比較して，列の効果のほうにきわだった差があるなら，
列の効果があると信じるのが自然だからです．

　さて，「ばらつき」の大きさは，分散で表わすのが統計数学の常識

---

*　検定の考え方にはじめて遭遇された方は，ぜひ『統計のはなし【第3版】』
　　127 ページを参照してくださいますよう……．

です．もちろん，一般に分散の大きさは「神のみぞ知る値」ですから，入手したデータの値を根拠にして，大きいほうにも小さいほうにも偏らないように推定した分散の値，すなわち，**不偏分散**を使います．したがって，私たちが計算しようとしている値は

$$\frac{\text{列の効果の不偏分散}}{\text{誤差の不偏分散}} = \frac{V_1}{V_2} = F \tag{3.1}$$

と書き直すことができます．

不偏分散は，データの値を x_i，その平均を $\bar{x}$，データの自由度を ϕ とすると

$$V = \frac{\sum (x_i - \bar{x})^2}{\phi} \tag{3.2}$$

で表わされます．* 自由度の概念はちょっとばかりややこしいのですが，とりあえずデータの数から使用した平均値の数を差し引いた値と覚えておいてください．たとえば，

　　1，2，3，4，5

という 5 個のデータから不偏分散を求めてみると，$\bar{x} = 3$ であり，使用する平均値はこの 1 個だけですから

$$V = \frac{(1-3)^2 + (2-3)^2 + (3-3)^2 + (4-3)^2 + (5-3)^2}{5-1}$$

$$= 2.5 \tag{3.3}$$

---

　*　不偏分散について，一般のテキストには

$$V = \frac{\sum (x_i - \bar{x})^2}{n-1} \qquad (n \text{ はデータの数})$$

と書いてあります．ふつうのデータ処理では自由度 ϕ が $n-1$ になることが多いからです．自由度の概念については『統計のはなし【第3版】』124 ページを参照してください．

というぐあいです.

では,式(3.1)の F を計算してみましょう.まず分子のほう,つまり,V_1 のほうからいきます.列の効果には,0.2,−1.1,0.9 の 3 種類しかなく,しかもこれらを作り出すために全体の平均を使っていますから,自由度は

$$\phi_1 = 3 - 1 = 2 \qquad (3.4)$$

です.* で,V_1 は,表3.17 の手順どおりに計算すれば

$$V_1 = 5.15 \qquad (3.5)$$

が得られます.なお,$\bar{x}$ はいつもゼロになることにご注意ください.そうなるように列の効果を計算したのですから.

つぎは,式(3.1)の分母,つまり,V_2 のほうです.表3.16 の誤差の欄を見ていただくと,誤差のデータが 15 個あります.この 15 個の値が作られるために平均値がいくつ使用されたかを知るには,ごめんどうでも 68 ページの表3.14 を見ていただかなければなりません.表3.14 で実

表3.17 V_1 を求める

x_i	$x_i - \bar{x}$	$(x_i - \bar{x})^2$
0.2	0.2	0.04
0.2	0.2	0.04
0.2	0.2	0.04
0.2	0.2	0.04
0.2	0.2	0.04
− 1.1	− 1.1	1.21
− 1.1	− 1.1	1.21
− 1.1	− 1.1	1.21
− 1.1	− 1.1	1.21
− 1.1	− 1.1	1.21
0.9	0.9	0.81
0.9	0.9	0.81
0.9	0.9	0.81
0.9	0.9	0.81
0.9	0.9	0.81

$$\sum (x_i - \bar{x})^2 = 10.30$$

$$\therefore \quad V_1 = \frac{10.30}{2} = 5.15$$

---

* 列ごとの平均も使っているではないか,と思われるかもしれませんが,列の平均というデータが作り出されたあとだけを考えていただくと,全体平均を差し引くだけで列の効果が求まりますから,失われる自由度は 1 つだけであることがわかります.

験結果の生データから誤差のデータが作られる過程で，「列の平均」として 15.7，14.4，16.4 の3つの平均値が使われていました．ですから，分母を計算するときの自由度は

$$\phi_2 = 15 - 3 = 12 \qquad (3.6)$$

です.* したがって，式(3.1)の分母は表3.18の手順に従うと

$$V_2 \fallingdotseq 0.77 \qquad (3.7)$$

となります．なお，表3.18にある $\bar{x}$ は，表3.17の $\bar{x}$ のように「列の効果」の平均ではなく，各列ごとの誤差の平均です．どっちみちゼロですから気にしなくてもいいのですが.

そうすると，列の効果が個々の誤差と較べて，偶然では起り得ないほど大きな値かどうかを調べるための値 F は，

表 3.18 V_2 を求める

x_i	$\bar{x}_i - \bar{x}$	$(x_i - \bar{x})^2$
0.8	0.8	0.64
−0.7	−0.7	0.49
0.8	0.8	0.64
−1.2	−1.2	1.44
0.3	0.3	0.09
1.1	1.1	1.21
0.1	0.1	0.01
−0.4	−0.4	0.16
0.1	0.1	0.01
−0.9	−0.9	0.81
0.1	0.1	0.01
−0.9	−0.9	0.81
−0.4	−0.4	0.16
−0.4	−0.4	0.16
1.6	1.6	2.56

$$\sum (x_i - \bar{x})^2 = 9.20$$
$$\therefore \quad V_2 = \frac{9.20}{12} \fallingdotseq 0.77$$

$$F = \frac{V_1}{V_2} = \frac{5.15}{0.77} \fallingdotseq 6.69 \qquad (3.8)$$

となるのですが，さて問題は，この値が偶然では起り得ないと信じていいか否かの判定をどうするかです．

---

* 使われた平均値は3つの「列の平均」のほかに全体の平均があるではないか，と思われるかもしれませんが，これらの4つの平均のうち3つを決めると残りの1つは自動的に決まってしまいますから，失われる自由度は3です．

幸いなことに，F という値がどのような確率分布をするかは完全に調べられ，数表となって市販されています．本書でも 216 ページの付録にその数表を付けてありますが，そのごく一部を抜き出してみると表 3.19 のような体裁をしています．

表 3.19　F 分布表の一部（上側確率 0.05）

ϕ_2 ＼ ϕ_1	1	2	3
…	…	…	…
11	4.84	3.98	3.59
12	4.75	3.89	3.49
13	4.67	3.81	3.41
…	…	…	…

表の中に点線で囲んだ 3.89 という数値に注目してください．この表は，上側確率が 5% になるように作られていますから，分子の自由度が 2，分母の自由度が 12 であるような F の値が偶然のいたずらによって 3.89 以上になる確率は 5% しかない，ことを意味しています．

一般に統計数学の世界では，5% 以下の確率を「小さい確率」とみなし，そのようなことは稀にしか起こらないと考えるのがふつうです．したがって，F の値が 3.89 以上になるようなことは稀にしか起こらない現象だから，それはきっと偶然のいたずらで起こったのではなく，起こるべき理由があって起こったにちがいないと判定します．

ところで，私たちの F の値は，式 (3.8) で求めたように 6.69 です．3.89 をらくに上回っています．したがって，3 種の餌の効果は偶然のいたずらによって表 3.16 のような差がついたのではなく，やはり本質的に効果の差が存在するのだと判定が下されます．こういうとき，検定の用語では，3 種類の餌の効果の間には**有意差**があるといいます．**意味**の**有る差**が実在するというわけです．

こうして, ウナギの成長実験は, 餌の効果を証明したことになりました. おめでとうございます.*

手順をまとめると

ウナギを3種類の餌で飼育し, 一定期間における体重増加を測定するという実験の結果, 表3.13のような生データを得て, 表3.14の手順を踏んで餌の効果と誤差とを分離し, つづいて, その効果が確かに存在すると信じていいかどうかを数ページを費やして吟味してきました. これこそ, まさに, **分散分析**の手法そのものです. ただ, 説明があまりにも長すぎたので, 要するにどうすりゃいいのさ, とお叱りを受けるかもしれません. そこで, 一元配置法に関する分散分析の手順をもういちど整理しておこうと思います. もちろん, そんな必要はない, だいいち, 数学の記号の羅列は虫が好かない, といわれる方は, この節をとばしていただいて結構です.

では, 始めます. 表3.20の二重線より上のような kn 個の実験データが与えられました. データの値を表わす x に添えられた小さな2

＊　この節で行なった検定は, 片側検定という考え方を使っています. もし, 両側検定の考え方を採るなら, 上側確率2.5%の F 分布表を使わなければなりません. 私たちの例ではどちらの考えに従っても同じ結論になりますが, 本当は, ここのところをもう少し真剣に考えなければいけないと思います. ただ, 一般にまかり通っている分散分析の手順では, 上側確率5%の F の値を上回れば「確かに有意差あり」とし, 上側確率1%の F の値を上回れば「高度に有意差あり」と判定しているのがふつうですし, そのように約束すればそれまでのことですから, 深くは追求しないことにしました. このへんの事情については『統計のはなし【第3版】』131ページ, 224ページを参照していただければ, と思います.

表 3.20　まず，列の効果を求める

因子の水準	A_1	A_2	$\cdots$	A_k
繰　　1	x_{11}	x_{21}	$\cdots$	x_{k1}
返　　2	x_{12}	x_{22}	$\cdots$	x_{k2}
し　　$\vdots$	$\cdots$	$\cdots$		$\cdots$
数　　n	x_{1n}	x_{2n}	$\cdots$	x_{kn}
列の合計	T_1	T_2	$\cdots$	T_k　→ 総合計 T
列の平均	$\bar{x}_1$	$\bar{x}_2$	$\cdots$	$\bar{x}_k$　→ 総合計 $\bar{x}$
列の効果	$\bar{x}_1 - \bar{x}$	$\bar{x}_2 - \bar{x}$	$\cdots$	$\bar{x}_k - \bar{x}$

文字は，左が因子の水準に，右が繰返し数に対応しています．

　まず，データの値を列方向，つまり縦方向に合計して，列ごとに「列の合計」を求めてください．たとえば

$$x_{11} + x_{12} + \cdots + x_{1n} = T_1 \tag{3.9}$$

のようにです．こうして求めた列ごとの合計を加え合わせて総合計も計算しておきましょう．

$$T_1 + T_2 + \cdots + T_k = T \tag{3.10}$$

です．つぎに，列ごとの平均値を計算してください．列の合計を繰返し数 n で割ればいいのですから，わけもありません．たとえば

$$\frac{x_{11} + x_{12} + \cdots + x_{1n}}{n} = \frac{T_1}{n} = \bar{x}_1 \tag{3.11}$$

など，などです．さらに，kn 個のデータ全体の平均値を計算します．それには

$$(\bar{x}_1 + \bar{x}_2 + \cdots + \bar{x}_k)/k = \bar{x} \tag{3.12}$$

とやってもいいし，あるいは

$$T/kn = \bar{x} \tag{3.13}$$

としてもかまいません．ぜいたくをいえば，検算のために式(3.12)と
式(3.13)の両方で計算した$\bar{x}$の値が一致することを確認しておけば最
高です．*

　つづいて，各列ごとに「列の平均」から「総平均」を引いて「列の
効果」を求め，各列の最下部に記入してください．こうして，「列の
効果」がわかりました．

　ここで，与えられたデータの値から各列ごとに「列の平均」を差し
引いて，その一覧表を作ってください．表3.21のようになり，これ
らの値が「誤差」を表わしています．こうして簡単に誤差が分離され
ました．

表 3.21　つぎに，誤差を分離する

因子の水準		A_1	A_2	……	A_k
繰	1	$x_{11} - \bar{x}_1$	$x_{21} - \bar{x}_2$	……	$x_{k1} - \bar{x}_k$
返	2	$x_{12} - \bar{x}_1$	$x_{22} - \bar{x}_2$	……	$x_{k2} - \bar{x}_k$
し	⋮	……	……	……	…
数	n	$x_{1n} - \bar{x}_1$	$x_{2n} - \bar{x}_2$	……	$x_{kn} - \bar{x}_k$

　なお，ここで，各列ごとの誤差の合計がゼロになっていること，し
たがって，各列ごとの誤差の平均がゼロであることに注意しておきま
しょう．たとえば，A_1の列でいうなら

$$(x_{11}-\bar{x}_1) + (x_{12}-\bar{x}_1) + \cdots + (x_{1n}-\bar{x}_1)$$
$$= (x_{11} + x_{12} + \cdots + x_{1n}) - n\bar{x}_1$$

ここで，式(3.11)の関係を代入すると

＊　式(3.12)，式(3.13)の$\bar{x}$は，表3.17や表3.18の$\bar{x}$とは無関係です．念のた
め……．

$$= (x_{11} + x_{12} + \cdots + x_{1n}) - (x_{11} + x_{12} + \cdots + x_{1n}) = 0 \qquad (3.14)$$

だからです.

つぎは，こうして得た「列の効果」が，「誤差」に較べて意味のある大きさか否かを調べる番です．そのためには，

$$\frac{\text{列の効果の不偏分散}}{\text{誤差の不偏分散}} = \frac{V_1}{V_2} = F \qquad (3.1) \text{と同じ}$$

を求め，その F が充分に大きいかどうかを数表と比較して判定するのでした．まず，V_1 を求めます．そのときの自由度 ϕ_1 は

$$\phi_1 = k - 1 \qquad (3.15)$$

です．したがって

$$V_1 = \frac{n(\bar{x}_1 - \bar{x})^2 + n(\bar{x}_2 - \bar{x})^2 + \cdots + n(\bar{x}_k - \bar{x})^2}{k - 1} \qquad (3.16)$$

となります．

いっぽう，V_2 のほうはといえば，自由度 ϕ_2 は

$$\phi_2 = k(n - 1) \qquad (3.17)$$

です.* そして，前ページに書いたように，各列ごとの誤差の合計，つまり，各列ごとの誤差の平均値はゼロですから

$$V_2 = \frac{1}{k(n-1)} \{ (x_{11} - \bar{x}_1)^2 + (x_{12} - \bar{x}_1)^2 + \cdots + (x_{1n} - \bar{x}_1)^2$$
$$+ (x_{21} - \bar{x}_2)^2 + (x_{22} - \bar{x}_2)^2 + \cdots + (x_{2n} - \bar{x}_2)^2$$
$$+ \cdots\cdots$$
$$+ (x_{k1} - \bar{x}_k)^2 + (x_{k2} - \bar{x}_k)^2 + \cdots + (x_{kn} - \bar{x}_k)^2 \} \qquad (3.18)$$

---

* ϕ_2 が $k(n-1)$ になるという理屈がわかりにくいかもしれませんが，各列ごとに 1 つの平均値を使うので，各列ごとの自由度は $n-1$, k 列あるから自由度の総計は $k(n-1)$ と考えておけばいいでしょう.

となります. おそろしくめんどうな式ですが, なんということはありません.* 表 3.21 のようにして得られた kn 個の値をそれぞれ 2 乗して加え合わせ, $k(n-1)$ で割ればいいだけです.

ここまでくれば, もう先が見えました. まず

$$\frac{V_1}{V_2} = F \qquad\qquad (3.1) と同じ$$

によって F を求めてください. つぎに巻末の数表から ϕ_1, ϕ_2 に相当する F を読みとってください. 巻末の数表には上側確率 0.05 のものと 0.01 のものとを付けてありますので, 両方の数表から F の値を読みとってくださるよう, おすすめします.

上側確率 0.05 の F を $\qquad F_{0.05}$

上側確率 0.01 の F を $\qquad F_{0.01}$

とでも書きましょうか. これらの値と私たちの F とを比較すれば判定が下ります.

$F \geqq F_{0.05}$ なら 有意差あり

$F \geqq F_{0.01}$ なら 高度に有意差あり

「有意差あり」の判定が下れば私たちの実験は成功です. その成果を活用してください.

「有意差あり」とならなければ, 実験データには有意差がなく, ちょっと見には差があるように見えても, それは単に偶然のいたずらの結果かもしれないのですから, 実験結果を活用するのを諦めるか, あ

---

* 式 (3.18) を Σ を使って書けば

$$V_2 = \frac{1}{k(n-1)} \sum_{i=1}^{k} \sum_{j=1}^{n} (x_{ij} - \bar{x}_i)^2$$

となるのですが, あなおそろしや…….

るいは，もっと実験をつづけてみるしかありません．

総変動は級間と級内の変動の合計

　蛇の絵を描きあげる競争をしていたとき，いちばん早く描きあげた男が余裕のあるところを誇示しようとして，蛇に足を書き加えたので失格してしまった，という故事にちなんで，むしろないほうがよいものを，たとえて蛇足というのだそうです．無用の長物のことを指しているのでしょう．これに対して，「無用の用」という言葉があって，役に立っていないように見えても，本当は役に立っていることが多く，この世でまったく役に立たないものはないと弁護してくれていますから，私の駄文もひと安心です．

　この節でお話しすることは，蛇足ではなく，無用の用だと思います．知らなくても分散分析はできますが，知っているほうが分散分析の計算も楽だし，その本質も深く理解できるにちがいないからです．

　分散分析の例題に使ったウナギ成長実験のデータをもういちど舞台へ呼び戻します．表3.22の上半分が，すでになんべんも登場したそのデータです．これら15個のデータの平均値は15.5ですから，各データの値からいっせいに15.5を差し引いてください．すなわち，列とか行とかに関係なく15個のデータが独立に存在すると考えて，データの値が平均値を中心にしてどのように変動しているかを調べようというわけです．そうすると，表3.22の下半分ができ上がります．

　つぎに，この下半分を表3.16に追加します．それが表3.23です．この表が何を意味しているかを考えてみてください．すでに述べたように，上段の部分は行とか列とかに関係なく，15個のデータが独立

表 3.22　データの変動を求める

繰返し ＼ 餌	ビタミン	ミネラル	混合餌	
1	16.5	15.5	16.5	
2	15	14.5	15.5	
3	16.5	14	16	平均 15.5
4	14.5	14.5	16	
5	16	13.5	18	

平均を引く

↓

1	1	0	1
2	− 0.5	− 1	0
3	1	− 1.5	0.5
4	− 1	− 1	0.5
5	0.5	− 2	2.5

データはこれだけ変動している

に存在すると考えたときのデータの変動を表わしていると考えられます. 中段の部分は, 73 ページあたりを参照してもらうまでもなく「列の効果」の変動です. 3 つの列を 3 つの級と呼び変えるなら, 級の間の変動を示しているといってもいいでしょう. 下段の部分は, 各列ごとの内部における誤差の変動を表わしていて, 列を級と呼び変えるなら, 級の内部の変動を表わしていることは言うに及びません.

　いっぽう, 分散分析の手順を思い返してみると, 生データに現われた変動から精いっぱいの努力をして列ごとの効果, つまり級間の変動を分離し, 残りの変動を誤差とみなしたのでした. それなら, 表 3.23 において, 上段の変動から中段の変動を差し引いた残りが下段

表 3.23　変動の内訳に矛盾はないか

	繰返し	ビタミン	ミネラル	混合餌	
全　体	1	1	0	1	
	2	− 0.5	− 1	0	
	3	1	− 1.5	0.5	平均 0
	4	− 1	− 1	0.5	
	5	0.5	− 2	2.5	
効　果	1	0.2	− 1.1	0.9	
	2	0.2	− 1.1	0.9	
	3	0.2	− 1.1	0.9	平均 0
	4	0.2	− 1.1	0.9	
	5	0.2	− 1.1	0.9	
誤　差	1	0.8	1.1	0.1	
	2	− 0.7	0.1	− 0.9	
	3	0.8	− 0.4	− 0.4	平均 0
	4	− 1.2	0.1	− 0.4	
	5	0.3	− 0.9	1.6	

の変動になっているはずであり，それぞれを，**総変動**，**級間変動**（または**因子変動**），**級内変動**（または**誤差変動**）と呼ぶことにすれば

　　総変動 = 級間変動 + 級内変動　　　　　　　　　　(3.19)

であるにちがいありません．

　さっそく，検算してみましょう．変動の大きさは，それぞれの値から平均値を引き，その 2 乗を合計した値で表わすのがふつうです．個々の値の変動の激しさは，平均値からどれだけずれているかで計れますが，それらをそのまま合計するとプラスとマイナスが消しあって必ずゼロになってしまいますから，2 乗してから合計するのです．す

なわち，変動の大きさは

$$S = \sum (x_i - \bar{x})^2 \tag{3.20}$$

という形で表現されます．これは，75 ページの式(3.2)と較べていただくとわかるのですが，不偏分散 V を計算するに当って自由度 ϕ で割る前の姿です．

さて，計算は赤子の手をひねるより容易です．総変動は，幸いなことに平均値がゼロですから，表 3.23 の上段にある 15 個の値を 2 乗して合計すればいいので

$$S = 1^2 + (-0.5)^2 + 1^2 + \cdots + 0.5^2 + 2.5^2 = 19.5 \tag{3.21}$$

です．級間変動は，中段に列記された 15 個の値を 2 乗して合計するのですが，これはすでに表 3.17 で求めてあり

$$S_A = 10.3 \tag{3.22}$$

です．同様に級内変動は表 3.18 によって

$$S_E = 9.2 \tag{3.23}$$

となっています．見てください．

$$19.5 = 10.3 + 9.2 \tag{3.24}$$

となって，見事に

$$S(総変動) = S_A(級間変動) + S_E(級内変動) \quad (3.19) もどき$$

が成り立っているではありませんか．*

　全体の変動から精いっぱいの努力をして級間変動を分離し，残りを級内変動としたのですから，当り前といってしまえばそれまでですが，しかし，当り前のことがきちんと当り前で通る世の中は住みよいものです．

---

　*　式(3.19)の証明は難しくはありませんから，必要な方は，たとえば『入門統計解析法』，永田靖著，日科技連出版社，113 ページなどを参照してください．

データの一部が欠けたら

　またまた，ウナギの成長実験です．いままでの例と同じように，5匹ずつのウナギに，ビタミンかミネラルか混合餌かを与えながら，成長のぐあいを確かめるための実験をしていたところ，たまたま，実験も間もなく終るという重要なときになって，腕白小僧の投げた石が不運にもウナギの1匹を直撃し，哀れなウナギは昇天してしまいました．昇天したウナギも哀れですが，実験データの分析を担当している私も哀れです．せっかく，この本も半ばまで読み進み，一元配置法の分散分析を使えると喜んでいた矢先にデータの1つが欠けるという始末で，どうしたらいいのかと，ただウロウロするばかりです．

　太りすぎとか栄養失調のように餌に由来するかもしれない理由でウナギが死んだのなら，実験計画のすべてを揺るがす問題ですから諦めもしましょうが，実験の因子である餌とは無関係のアクシデントが起こっただけなのに，せっかくのデータはぜんぶパーなのでしょうか．

　いえいえ，そうではありません．残り14匹分のデータでも，15匹分のデータが完全に揃ったときとほぼ同様に，分散分析の手順を踏んで判定を下すことが可能です．ご安心いただくために実例をお目にかけましょう．

　表3.24の上段のようなデータを得たと思ってください．ビタミンを与えられていたウナギの1匹が降って湧いた災難によって実験途中で頓死してしまったので，ビタミンの列のデータが4つしかありませんが，データが完全に揃っているときと同じ手順で分析を始めます．

　まず，列の合計を求め，それを列ごとのデータの数で割って列の平均を求めます．すなわち，列の合計を「ミネラル」と「混合餌」の列

表 3.24　データが欠けたらどうするか
データの一部が欠けた

繰返し ＼ 餌	ビタミン	ミネラル	混合餌	
1	16	14.5	15	
2	15.5	15	16.5	
3	16.5	14.5	17	平均 15.5
4	16	13	16	
5		14.5	17	
列の合計	64	71.5	81.5	
列の平均	16	14.3	16.3	
列の効果	0.5	− 1.2	0.8	

▼

列の平均を引く

1	0	0.2	− 1.3
2	− 0.5	0.7	0.2
3	0.5	0.2	0.7
4	0	− 1.3	− 0.3
5		0.2	0.7

では 5 で割り,「ビタミン」の列では 4 で割って列の平均を求めるの
ですが, なるほど強いていえば, データが完全に揃っている場合とこ
こがわずかに異なります. つづいて, 列の平均から全体の平均 15.5
を差し引いて列の効果を算出していただくのですが, ここはデータが
完備の場合と同じです.

　つぎには, 列ごとに生データから列の平均を引いて誤差の表を作っ
てください. そうすると表 3.24 の下段ができ上がりますが, この手
順もデータ完備の場合と変りありません.

ひきつづき，列の効果の有意差を検定するために

$$\frac{V_1}{V_2} = F \qquad\qquad \text{(3.1)と同じ}$$

によって F を計算していきます．V_1，つまり，列の効果の不偏分散についていえば，自由度 ϕ_1 は

$$\phi_1 = 3 - 1 = 2 \qquad\qquad (3.25)$$

です．列の効果には，0.5，-1.2，0.8 の 3 種類しかなく，これらを作り出すために全体の平均を使っているからです．したがって，V_1 は表 3.17 のときと同じ手順で

$$V_1 = \frac{1}{2}\{(0.5)^2 \times 4 + (-1.2)^2 \times 5 + (0.8)^2 \times 5\}$$

$$= 5.7 \qquad\qquad (3.26)$$

となります．

いっぽう，V_2，つまり，誤差の不偏分散のほうは少し注意が必要です．自由度 ϕ_2 は，ビタミンの列に 3 つ，ミネラルと混合餌の列に 4 つずつありますから，

$$\phi_2 = 3 + 4 + 4 = 11 \qquad\qquad (3.27)$$

となります．データ完備の場合には，式(3.6)に見るように ϕ_2 は 12 でしたから，ここに少々の相違があります．

ϕ_2 さえ間違えなければ V_2 の計算は簡単です．表 3.24 の下段にある 14 個の値を 2 乗して合計し，ϕ_2 で割ればいいのですから

$$V_2 = \frac{1}{11}\{0^2 + (-0.5)^2 + \cdots + (-0.3)^2 + (0.7)^2\}$$

$$\fallingdotseq 0.51 \qquad\qquad (3.28)$$

が得られます．したがって

$$F = \frac{V_1}{V_2} \fallingdotseq \frac{5.7}{0.51} \fallingdotseq 11.2 \qquad (3.29)$$

となります. しかるに, 巻末の数表によれば, $\phi_1 = 2$, $\phi_2 = 11$ のとき

$$F_{0.05} = 3.98 \qquad (3.30)$$

$$F_{0.01} = 7.21 \qquad (3.31)$$

で, 11.2 のほうがずっと大きな値ですから, 私たちの実験データによれば, 因子の効果, つまり, 餌の効果には高度の有意差があると判定されることがわかります.

　この節は, データが 1 つだけ欠けた場合を例にとりましたが, 一般的にデータの数が因子に対して不揃いなときには, この節の考え方に従って分散分析をすることができます. ただし, データが欠けた理由が因子そのものにある疑いがあるなら, 抜本的に因子の選び方や実験計画の立て方を反省する必要があることを, くれぐれも, お忘れなきよう…….

4. 因子が2つ，3つ，4つ……

——実験計画と分散分析——

二 元 配 置 法

　少し前の話になりますが，国内のある調査によると，出世の条件として，「努力」をあげる人がもっとも多く，能力，幸運，学歴，処世術などがこれにつづくそうです．これに対してアメリカでは，筆頭が「能力」で，そのあとに努力，学歴，縁故，人柄などが並ぶのだそうです．どちらも努力，能力，学歴が上位を占めていますが，学歴よりも努力や能力が上位にあるところが救いです．またアメリカには，出世の最大の条件はチームへの貢献だと唱える学者がいます．この説に従えば，アメリカでは人柄がもっとも重視されることになります．チームワークより個人プレーだと思われていたアメリカでさえこうですから，有名大学に進むことだけが人生の目的であるかのように錯覚している受験生や父兄たちに，ぜひ教えてあげたいと思います．いずれにしても，人生の目的を出世に振り替えてしまうだけでは，なんにも

ならないように思います.

　出世が1つだけの要因によって決定されるのではなく，いくつかの要因の影響を受けるように，たいていのものごとは複数の要因によって左右されるのがふつうです. むしろ，たった1つの要因ですべてが決まってしまうほど単純なものごとは，めったに存在しないと考えていいでしょう.

　たとえば，振り子が往復する時間は糸の長さによって決まると教えられますが，これは，条件つきでの話にすぎません. 振り子の周期は重力の加速度が一定で，空気の抵抗が無視できるなどの条件が揃った場合に限って糸の長さが決定的な要因となるのです.

　こういう次第ですから，正体が定かでない物事について実験をするとき，結果に影響を及ぼしそうないくつもの要因が思い浮かぶのがふつうです. けれども，それらのすべてを実験の因子として採り上げるのは現実的ではありません. 実験が複雑になりすぎて，どの因子が効いているかを識別できなくなってしまうからです.

　仕方がありませんから，気にはなりますが採用する因子を思いきって厳選しなければなりません. いちばんの厳選は，因子を1つだけ採り上げる場合です. この場合については前章でたっぷりと実験計画とデータ解析の手法についてご紹介しました. つづいてこの章では，因子を2つだけ採り上げる場合について前章と同様な流れでご紹介していこうと思います.

　またもウナギの成長実験かと，うんざりなさるかもしれませんが，それに私自身としても知恵のなさに後ろ指をさされそうで気が重いのですが，同じテーマで一貫しておいたほうが，因子が1つのときと2つのときとを対比しやすいようにも思うので，この際，もういちどウ

ナギを題材に使うことをお許しください.

　前章では，ウナギの成長が餌にだけ支配されると考えて，餌だけを因子とみなしたのでした．こんどは，ウナギの成長に強い影響を及ぼしそうな因子として餌と水温とを採り上げることにしましょう．餌の水準は前章と同様に

　　　　ビタミン，ミネラル，混合餌

とし，水温のほうは

　　　　27℃，28℃，29℃，30℃

に変化させて実験をしてみようと思います．つまり，因子は2つ，餌の水準は3，水温のほうの水準は4です．急に水温の変化が4パターン登場して怪しい気配を感じる方がおられるかもしれませんが，因子の数と因子の水準の数を異なった値にするほうが混線がなさそうに思うので，水温の水準をふやしただけのことですから，ご安心ください.

　さて，ウナギの成長に対する餌の効果と水温の効果が互いに独立であるという保証がなく，いいかえれば，餌と水温の「取り合せの妙」があるかもしれないので，用心深く，3種類の餌と4パターンの水温のあらゆる組合せについて実験を計画しましょう．そうすると，表4.1に〇印で示したような12ケースについて実験をすることになります.

　この12のケースに対して，もちろん，実験用のウナギはランダムに割り付けなければなりません.＊まず，ウナギに1から12までの番号をつけます．そして，それらを12のケースに割り振るには，乱数表，乱数サイ，あみだくじ，サイコロなどを利用して，ランダム化す

＊　1ケースあたり何匹のウナギを使うのかと疑問に思われるかもしれませんが，ここではとりあえず，各ケースについて1匹ずつと考えておいてください.

ればいいでしょう．その方法については，第2章にくどいほど書きましたので，ここでは省略します．念のために私の作業結果を表4.2に示しておきました．

表4.2を見てください．行の方向には水温という因子に関する条件が4つの水準に区分されて並んでいます．同時に列の方向には餌という因子に関する条件が3つの水準に分かれて並んでいます．このように，行の方向と列の方向の

表4.1　3水準×4水準の実験計画

餌＼水温	27	28	29	30
ビ	○	○	○	○
ミ	○	○	○	○
混	○	○	○	○

表4.2　ランダムに割り付ける

餌＼水温	27	28	29	30
ビ	②	⑧	⑪	⑦
ミ	⑫	④	①	⑩
混	⑤	⑨	⑥	③

両方に因子の水準が配置されているような実験の計画を**二元配置法**と呼んでいます．52ページに書いたように，行か列の片方にしか因子の水準が配置されていない実験の計画を一元配置法と呼んだことと対比していただければ，と思います．

一元配置法は，実験データから分散分析によって1つの因子の効果の有意性を判定するための実験計画でした．これに対して，二元配置法は，実験データを分散分析して，2つの因子についてそれぞれの効果の有意性を判定しようというのです．

なお，一元配置法の場合には，データの一部が欠けていてもあまり支障にはなりませんでしたが，二元配置法の場合はデータの一部が欠けると，うまくありません．データが1つか2つ欠けたくらいなら分析の方法がないわけではありませんが，手数がとても面倒ですし，精度もぐんと悪くなってしまいます．ですから，是非とも両因子のすべ

ての水準の組合せについて実験をしていただきたいのです．そのためには，実験に提供できる供試体の数，両因子の水準の数などを計画的に調和させる必要があります．このあたりにも，実験計画法というものものしい名称の由来がありそうです．

乱　　塊　　法

前章で，ほどよい硬さに卵をゆで上げるためのゆで時間の実験を採り上げました．そのとき，卵の大きさによってゆで上がる時間が異なるかもしれないと気になるので，あらかじめ卵を大きさによって層別し，各層ごとに供試品をランダムに割り付けて，表3.7を作ったのでした．

表3.7　層ごとにランダム化してみたら（再掲）

卵＼時間	1分	4分	7分	10分	13分	16分
大きめ	②	⑤	⑥	③	①	④
中くらい	③	②	④	⑥	①	⑤
小さめ	⑤	①	③	④	②	⑥

ところが，このあと話はつぎのように展開していったのです．この割付け表に従って実験して，層によってゆで上がり時間に差がないことが判明したり，層ごとに明らかな差が認められたりする場合は実験の答えが明解になりますが，層による差があるのかないのか判然としないときには困ってしまったのです．そのくらいなら，表3.7の実験では，ゆで時間と卵の大きさの両方とも因子とみなさなければ実験が

成立しないのではないかと悩んでしまったのでした. この節では, この悩みを解決しておきましょう.

　ずっと前に, ものごとの結果に影響を与えそうな主要な原因を要因と通称し, 要因のうち意識的に採り上げたものを**因子**と呼ぶと書きました. そうすると, 表3.7の場合にはゆで時間と卵の大きさの両方が因子であることに異論はありません. ただし, この両者の性格には若干の違いがあります.

　私たちは, 卵をほどよい固さにゆで上げるために必要なゆで時間が知りたくて, ゆで時間を私たちの意志によって6つの水準に変化させながら実験しようとしているのです. ところが, 卵の大きさによってゆで上がるまでの時間に差異が出そうなので, せめて卵の大きさによるゆで上り時間の誤差を排除しようとして層別し, その結果, 卵の大きさが因子の1つとなってしまったのです.

　すなわち, ゆで時間のほうは, 私たちの実験目的を達成するために私たちが制御している因子です. このような因子は, **実験因子**または**制御因子**と呼ぶのにふさわしいでしょう. これに対して, 卵の大きさのほうは事情が異なります. 卵の大きさのばらつきは私たちの意志には関係なく存在していて, そのために発生する実験の誤差を小さくしようとして, 大きいほどゆで上げるのに時間がかかるにちがいない, という卵に固有な知識にもとづいて層別したために生じた因子です. このような因子は, **ブロック因子**と呼ばれています. 余分な誤差を紛れこまさないようにとブロックに分けたために生じた因子だからです.

　この実験計画のように, 行か列のどちらかに実験因子の水準が配置され, 他方にはブロック因子の水準が並べられていて, しかも, ブロック因子の水準ごとに供試品がランダムに割り付けられているような

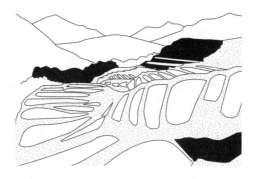

乱塊法——まず，なるべく条件が
均一なブロックに分けて…

計画を**乱塊法***と呼んでいます．塊（ブロック）ごとに乱数化された実
験計画だから，と憶えておいてください．

　実験計画法の参考書のなかには，表4.2のような二元配置法を，そ
のまま乱塊法として紹介しているものが散見されます．実験データの
分析のしかたについていえば，乱塊法の場合にも二元配置法のときと
同じ手順が一応は適用できますから，実害は少ないのですが，実験計
画の精神が異なりますから，区別して理解しておく必要があると私は
思います．すなわち，2つの因子を同時に実験に盛り込むために，行
と列にそれぞれ2つの因子を配列した計画を二元配置法といい，その
うち，一方の因子が実験因子で他方がブロック因子であるとき，とく
に乱塊法という，というようにです．

　それにしても，ブロックとか乱塊法とか，変な言葉が現われ，なん
だろうか，と思われたことと思います．もとはといえば，実験計画法

---

　*　乱塊法は，ランカイホウと読みます．英語では method of randomized
　　block です．

は農業の改良のために発達した手法です. 品種ごとの差や肥料の効果
などを知りたいとき, 広い農場では土質, 日照, 水はけなどの条件が
均一ではないので, まず, なるべく条件が均一ないくつかのブロック
に分け, ブロックの中をさらに区切って品種や肥料を比較するのがい
い, などと研究を始めたのが実験計画法の始まりとされています. で,
ブロックとか, それを日本語に直訳した塊などが実験計画法の中に生
きているのです.

種を仕掛ける

　話をウナギの成長実験に戻します. 95 ページの表 4.2 のように,
水温の因子については 4 水準, 餌の因子については 3 水準の組合せが
作り出す 12 ケースにウナギをランダムに割り付けて飼育し, 一定の
期間の後に体重の増加を測定すると実験データが得られます. 私たち
が入手できるのはこの生データだけであり, このデータが生み出され
た理屈は, 神ならぬ私たちにとっては知るよしもないのですが, ここ
では前の章でもやったように, 神様の立場に立ってデータが生み出さ
れる過程を辿ってみましょう.

　表 4.3 を見てください. もし, 水温や餌の違いがウナギの成長にな
んの影響も及ぼさず, そのうえ, ウナギにもまったく個体差がなけれ
ば, 一定期間の後には 12 ケースとも完全に同じだけ成長する理屈で
す. 一例として, 一定期間における成長を 15.5 グラムとしてみまし
ょう. そうすると, 実験の生データは表 4.3 のいちばん上の欄のよう
に, 12 ケースとも 15.5 という値が並ぶにちがいありません.

　ところが, 水温がウナギの成長に及ぼす効果は温度によって差があ

表 4.3 列と行の効果を加える

まったく差がなければ，こうなるはず

餌＼水温	27	28	29	30
ビ	15.5	15.5	15.5	15.5
ミ	15.5	15.5	15.5	15.5
混	15.5	15.5	15.5	15.5

+

水温の効果にだけ差があるなら

	27	28	29	30
	− 1	1.5	0	− 0.5
	− 1	1.5	0	− 0.5
	− 1	1.5	0	− 0.5

=

こういう結果になるはず

	14.5	17	15.5	15
	14.5	17	15.5	15
	14.5	17	15.5	15

+

さらに，餌の効果にも差があるなら

	− 0.5	− 0.5	− 0.5	− 0.5
	− 1	− 1	− 1	− 1
	1.5	1.5	1.5	1.5

=

こういう結果になるはず

	14	16.5	15	14.5
	13.5	16	14.5	14
	16	18.5	17	16.5

り，その大きさが2番めの欄のようであるならば，ウナギの成長は3番めの欄のようになるはずです．そしてさらに，餌の効果にも4番めの欄に示す効果があるとするならば，ウナギ成長実験のデータは，いちばん下の欄のようにならないと理屈が合いません．

　これに加えて，ウナギには個体差があり，成長のしかたにバラツキがありますから，この誤差も加算する必要があります．本当は表4.3の下に続けて誤差の欄を作り，それを加算したいのですが，そうすると表がこの本からはみ出してしまいそうなので，改めて表4.4を作りました．したがって，表4.4のいちばん上の欄は，表4.3のいちばん

表4.4　誤差によるバラツキを加える

水温と餌の効果が誤差なく発揮されると

餌＼水温	27	28	29	30
ビ	14	16.5	15	14.5
ミ	13.5	16	14.5	14
混	16	18.5	17	16.5

＋

誤差があれば

	0.5	1	− 0.5	0
	− 0.5	0.5	0.5	0
	0	− 1.5	− 0.5	0.5

＝

こういう結果になるはず

	14.5	17.5	14.5	14.5
	13	16.5	15	14
	16	17	16.5	17

下の欄と同じです.

　そこへ誤差を加えます. この誤差は, ゼロを平均値とする正規分布から取り出された 12 個の値が, 12 のケースにランダムに割り振られていますから, 全体の平均はゼロにしてあります. けれども, たとえ全体の平均がゼロであっても, 行ごと, および列ごとの平均はゼロにならないのがふつうなので, このモデルでもそのように仕組んであります.

　こうして誤差を加え合わせると, 表 4.4 の下の欄ができ上がります. そして, これが私たちが入手する実験の生データです. ただし, 神ならぬ身ですから, 水温の効果も餌の効果も誤差も知らされぬままに, です.

種 を 見 破 る

　ウナギの成長実験の結果, 私たちは表 4.5 のような生データを入手しました. もちろん, 前節で舞台裏を覗いて知ったようなからくりは, いっさい説明されずに, です. それにもかかわらず, 私たちは与えられた生データを手掛かりにして, 水温の効果と餌の効果と誤差とを解明していこうと思います. 因子が 2 つにふえているだけ前章よりは複雑ですが, しかしアプローチのしかたに変りはありません. 表 4.6 を見ながら付き合ってください.

表 4.5　生データは, これ

餌＼水温	27	28	29	30
ビ	14.5	17.5	14.5	14.5
ミ	13	16.5	15	14
混	16	17	16.5	17

　まず, 3 種類の餌がウナギの成長に与える効果, つまり, 行

表4.6　こうして行と列の効果を分離する

餌＼水温	27	28	29	30	行の合計	行の平均	行の効果
ビ	14.5	17.5	14.5	14.5	61	15.25	− 0.250
ミ	13	16.5	15	14	58.5	14.625	− 0.875
混	16	17	16.5	17	66.5	16.625	1.125
列の合計	43.5	51	46	45.5			
列の平均	14.5	17	15.333	15.167	総　　計	186	
列の効果	− 1.000	1.500	− 0.167	− 0.333	全体平均	15.5	

の効果について調べていきましょう. そのためには, 行の方向に合計を求め, それを4で割って行の平均を出し, 全平均15.5と行の平均との差を計算します. それが, 行の効果です. ウナギ全体は15.5グラムだけ成長しているのに, たとえば, ビタミンを与えられた4ケースのウナギは平均して15.25グラムしか成長していませんから, ビタミンの行の効果は平均を0.25グラムだけ下回っているにちがいないのです.

　同じようにして4パターンの水温がウナギの成長に及ぼす効果, つまり列の効果を求めると, 表4.6の左下に列記した値のようになります. こうして, 行の効果と列の効果を分離することができました.

　つぎは, 誤差を分離するばんですが, そのためには前節のからくりを思い出していただく必要があります. 私たちが入手した生データの値は, まず12ケースに共通な平均値があり, それに列の効果と行の効果が加わり, さらに誤差が加算されてつくり出されたものでした. すなわち,

　　　　データの値＝全体平均＋行の効果＋列の効果＋誤差

でありました．したがって

誤差＝データの値－全体平均－行の効果－列の効果　　(4.1)

であるはずです．この関係を使って私たちのデータから誤差を分離していきましょう．たとえば，27℃の水温でビタミンを与えられていたウナギを例にとると

データの値 ＝ 14.5,　全体平均 ＝ 15.5

行の効果 ＝ －0.25,　列の効果 ＝ －1

ですから

誤差 ＝ 14.5－15.5－(－0.25)－(－1) ＝ 0.25

となります．同じようにして 12 ケースのすべてについて誤差を求めてみると，表 4.7 が得られます．* こうして誤差を分離することにも成功しました．

表 4.7　こうして誤差を分離する

餌＼水温	27	28	29	30
ビ	0.250	0.750	－ 0.583	－ 0.417
ミ	－ 0.625	0.375	0.542	－ 0.292
混	0.375	－ 1.125	0.042	0.708

さらに，行の効果や列の効果が誤差のばらつきと較べて十分に大きく，行や列の効果が確かに存在すると認められるかどうかを調べなければなりません．その手順は 75 ページのあたりと同じように

$$\frac{\text{行の効果の不偏分散}}{\text{誤差の不偏分散}} = \frac{V_{11}}{V_2} = F_1 \qquad (4.2)$$

$$\frac{\text{列の効果の不偏分散}}{\text{誤差の不偏分散}} = \frac{V_{12}}{V_2} = F_2 \qquad (4.3)$$

---

*　表 4.7 では，四捨五入による端数の食い違いを小数点以下 3 桁めの値で修整したところがあります．

を計算し，それぞれ数表から求めた F の値と比較し，効果の有意性についての判定を下すことになります．そして，不偏分散は

$$V = \frac{\sum (x_i - \bar{x})^2}{\phi}$$ 　　　　(3.2)と同じ

ここで $\begin{cases} x_i : 個々の値 \\ \bar{x} : 平均値 \\ \phi : 自由度 \end{cases}$

であったことも思い出しておきましょう．

　では，七面倒な計算をスタートします．まず，式(4.2)と式(4.3)の両方に関与している誤差の不偏分散 V_2 を求めておきましょうか．ここでいちばん頭を悩ますのが自由度です．因子が2つありますから，77ページの考え方をそのまま使うわけにはいきません．3行4列で12個の誤差が算出される過程で使われた平均値は，全体平均が1つ，行平均が3つ，列平均が4つの合計8つですが，この8つの平均値はそれぞれ独立に存在できるのではなく，

　　　全体平均×3＝行平均の合計

　　　全体平均×4＝列平均の合計

でなければつじつまが合いませんから，自由度を減らす平均値の数は8つから2つ減少して6つになります．とにかく，自由度にはまいど泣かされます．理屈抜きにして

　　　自由度＝(行の数−1)(列の数−1)　　　　　　　(4.4)

と覚えておくことにしましょう．

　自由度の数さえわかれば，V_2 の計算は頭脳労働ではなく肉体労働にすぎません．12個の誤差の値の平均値はゼロ，つまり式(3.2)の $\bar{x}$ がゼロですから，誤差の不偏分散は

$$V_2 = \sum x_i^2 / \phi_2$$

$$= \frac{1}{6} \{ 0.250^2 + (-0.625)^2 + 0.375^2 + 0.750^2 + \cdots + 0.708^2 \}$$

$$\fallingdotseq 0.660 \tag{4.5}$$

となります.

つづいて，行の効果の有意性を調べにかかります．それには，行の効果の不偏分散 V_{11} を算出しなければなりません．行の効果には，-0.250，-0.875，1.125 の3種類があり，これを作り出すのに全体平均を使っていますから，自由度は

$$\phi_{11} = 3 - 1 = 2 \tag{4.6}$$

です.＊ したがって，行の効果の不偏分散 V_{11} は

$$V_{11} = \frac{1}{2} \{ (-0.250)^2 \times 4 + (-0.875)^2 \times 4 + 1.125^2 \times 4 \} \fallingdotseq 4.188$$

$$\tag{4.7}$$

となります.

これで F_1 を計算する準備がととのいました．式(4.2)，式(4.5)，式(4.7)によって

$$F_1 = \frac{V_{11}}{V_2} = \frac{4.188}{0.660} \fallingdotseq 6.345 \tag{4.8}$$

が求まりました．問題は，この値が行の効果の有意性を保証するに足るほど大きい値か否かです．それを知るために，巻末の数表を繰って自由度に注意しながら上側確率が5％と1％の F の値を引いてみると

$$F_{0.05} = 5.14$$

$$F_{0.01} = 10.9$$

＊　76 ページの脚注をご参照ください.

が見つかります．83ページにも書いたように

$$F_1 \geqq F_{0.05} \quad なら \quad 有意差あり$$

$$F_1 \geqq F_{0.01} \quad なら \quad 高度に有意差あり$$

と判定できるのでしたから，私たちの結論は，行の効果に有意差は認められるが，高度な有意差があるとは言えない，となります．

　同様に，列の効果の有意性も調べましょう．列の効果の不偏分散 V_{12} を計算するための自由度は，4種類の列の効果を作り出すために全体平均を使っていますから

$$\phi_{12} = 4 - 1 = 3 \tag{4.9}$$

です．したがって，不偏分散は

$$V_{12} = \frac{1}{3}\{(-1.000)^2 \times 3 + 1.500^2 \times 3 + (-0.167)^2 \times 3 + (-0.333)^2 \\ \times 3\} \fallingdotseq 3.389$$

となり，有意性の判定の決め手となる F_2 は

$$F_2 = \frac{V_{12}}{V_2} = \frac{3.389}{0.660} \fallingdotseq 5.13 \tag{4.10}$$

と算出されました．

　いっぽう，自由度が3と6であることに注意して，数表から判定の基準となる F の値を探し出すと

$$F_{0.05} = 4.76$$

$$F_{0.01} = 9.78$$

ですから，列の効果もまた，有意差は認められるけれど，高度な有意差があるとは言えない，という結論になりました．

　以上の分散分析の結果を整理すると，私たちが102ページの表4.5によって与えられた生データを解析して得た結論は，つぎのようにな

るでしょう．ビタミン，ミネラル，混合餌の3種類の餌がウナギの成長に与える効果には一応，差があると判定できます．同時に，27℃，28℃，29℃，30℃の4パターンの水温がウナギの成長に及ぼす影響についても，餌の場合と同程度の差があると判定していいでしょう．したがって，ウナギの成長を最大にするためには，効果が最大の餌である「混合餌」と，効果が最大の水温と判定された「28℃」とを採るのが正しい選択です．

しかし，表4.5の生データでビタミンと28℃との組合せが最大の成長を示しているからといって，それを選ぶのは正しくありません．* 私たちが見破った誤差（表4.7）を見ればわかるように，また，神様が仕掛けた誤差を表4.4から教えてもらっても確認できるように，ビタミンと28℃を組み合わせたケースは，たまたまプラスの誤差が大きく加算されて高い値になっているにすぎないからです．

これらの結論は，ただし，絶対に間違いないとふんぞり返るほど自信にあふれたものではありません．なにしろ，上側確率5%のFの値，つまり，偶然のいたずらによって，その値を上回る確率が5%も残されているような値を基準にして判定すれば有意差があるのですが，もっときびしく，上側確率1%のFの値を基準にして判定すると有意差が認められないのですから……．もしも，有意差ありとの判断がまちがっていたら一大事という事情にあるなら，「高度に有意差があるとはいえない」と，控えめな結論にしておくほうが無難です．

---

　*　ビタミンと28℃の組合せには，取り合せの妙があり，ウナギの成長が加速されるのではないかと，深いところに目をつけられた方は，146ページまでお待ちください．

総変動の内訳を確認する

ここで，蛇足，いや無用の用を書き加えます．前章の86ページに

　　　　総変動＝級間変動＋級内変動　　　　　(3.19)と同じ

というのがありました．生データのばらつきは，因子の水準に伴う効果，つまり級間のばらつきと，誤差のばらつきの和であるにちがいないと考えて検算してみたところ，見事にそのとおりになっていたのです．当り前といえば当り前ですが，しかし，当り前のことがきちんと当り前で通る世の中は住みよいものだと，感慨もひとしおだったのでした．

この理屈をおし進めるなら，因子が2つにふえたときには

　　　　総変動＝行の級間変動＋列の級間変動＋級内変動　　(4.11)

でなければなりません．当り前のことが，ここでも当り前になっているかどうか検算をしてみることにします．

生データは表4.5，行や列の効果については表4.6，誤差については表4.7を見ていただくのは申し訳ないので，これらを表4.8に整理しておきましたから，これを見ながら検算を進めます．そのまえに，

表4.8　変動の内訳はどうか

生データ	14.5	17.5	14.5	14.5	− 0.250	行の効果
	13	16.5	15	14	− 0.875	
	16	17	16.5	17	1.125	
列の効果	− 1.000	1.500	− 0.167	− 0.333		
誤差	0.250	0.750	− 0.583	− 0.417		
	− 0.625	0.375	0.542	− 0.292		
	0.375	− 1.125	0.042	0.708		

変動の大きさは

$$S = \sum (x_2 - \bar{x})^2 \qquad (3.20) と同じ$$

で表わすのですが，幸いなことに，私たちの計算では $\bar{x}$ がゼロになっている場合が多いことを思い出しておきましょう．

では，計算開始……．まずは総変動です．ここでは平均値 $\bar{x}$ がゼロではなく 15.5 なので，12 個の生データから平均値 15.5 を差し引き，2 乗したうえで合計してください．

$$\begin{aligned} S &= (14.5 - 15.5)^2 + (13 - 15.5)^2 + (16 - 15.5)^2 \\ &\quad + \cdots + (14 - 15.5)^2 + (17 - 15.5)^2 = 22.5 \end{aligned} \qquad (4.12)$$

となります．

つぎは，行の効果についての級間変動を求めます．行の効果は 3 種類ですが，列が 4 つあるために 3 種類の値が 4 つずつあることに注意して

$$S_A = 4 \{(-0.250)^2 + (-0.875)^2 + 1.125^2\} = 8.375 \qquad (4.13)$$

という具合です．

つづいては，列の効果についての級間変動を，4 種類の値が 3 つずつあることを意識して計算します．

$$\begin{aligned} S_B &= 3 \{(-1.000)^2 + 1.500^2 + (-0.167)^2 + (-0.333)^2\} \\ &\doteqdot 10.167 \end{aligned} \qquad (4.14)$$

となるはずです．

最後に，12 個の誤差の値を 2 乗して合計し，級内変動を求めてください．

$$\begin{aligned} S_E &= \{0.250^2 + (-0.625)^2 + 0.375^2 + \cdots + (-0.292)^2 + 0.708^2\} \\ &\doteqdot 3.958 \end{aligned} \qquad (4.15)$$

となるでしょう．

さあ，お立ち合い……

$$S = S_A + S_B + S_E \qquad\qquad (4.11) もどき$$

となっているでしょうか．式(4.12)〜式(4.15)の値を代入してみます．

$$22.5 = 8.375 + 10.167 + 3.958 \qquad\qquad (4.16)$$

はい，ご明算でした．

三元配置法に挑戦

　もう半世紀以上も前のことですが，「巨人，大鵬，卵焼き」という流行語がありました．後に経企庁長官を務めた堺屋太一が考えたコピーですが，巨人は当時圧倒的な強さを誇ったプロ野球のジャイアンツ，大鵬は白鵬に抜かれるまで優勝回数の記録を保持していた往年の名横綱ですから，これに卵焼きを加えた子どもの大好きな三点セットを好きな人たちは，いかにも凡庸な感覚の持ち主のようだと揶揄した言葉でした．この言葉をいまの時代に置き換えると，果たしてどうなるのでしょうか．大谷翔平は入りそうですが，価値観が多様化しているので，もはや考えられないように思います．

　それから20年くらい経ったころに，「おしん，家康，隆の里」という三つ揃いが流行りました．おしんは艱難辛苦を乗り越えて3つの時代を生き抜いたNHKの連ドラの主人公，家康はもちろん徳川家康で，その当時の大河ドラマでは，苦労人として生涯が描かれていました．また，隆の里は糖尿病と闘いながら第59代横綱に昇進した力士です．あり余る物資と自由に有難さを忘れていた当時，苦難に耐え，辛抱強く生きる姿が賞賛され，流行語にまでなったのでした．いまの時代，苦節何年だとかのような忍耐や努力は流行らないのでしょうが，30

年前に戻って，忍耐と努力ばんざいの精神でお付き合いください．

　前の章では，因子が１つだけの場合について実験計画の立て方やデータの分析法について述べ，この章では，因子が２つの場合へと進んだのでした．因子が１つから２つにふえるにつれて分散分析の手順は複雑になり，相当な忍耐と努力を強要されたのですが，私たちは，さらに因子が３つの場合へと前進しようと思うのです．忍耐と努力ばんざいの精神を鼓舞して付き合ってください．

　題材はこんどもウナギの成長実験です．くふうのない話ですが，因子が１つや２つの場合と較べるためには，便利なこともあるかもしれません．

　因子としては第１章の商品見本のように

　　　餌，水温，水質

の３つを採用します．水準はそれぞれ２つずつにしましょう．水準の数を多くするとそれらの組合せの数がたちまちふえて，例題が複雑になってかなわないからです．こういう次第で

　　餌　　　$\begin{cases} ビタミン \\ ミネラル \end{cases}$

　　水温　　$\begin{cases} 28℃ \\ 30℃ \end{cases}$

　　水質(pH)　$\begin{cases} 酸性 \\ アルカリ性 \end{cases}$

とし，これらの条件をすべて組み合わせると表4.9のように８つのケースができます．表には，すでに実験をした後のデータまで記入してありますが，これは，８つのケースに実験用のウナギをランダムに割り付けたうえに，定められた条件で飼育し，一定の期間の後に体重の

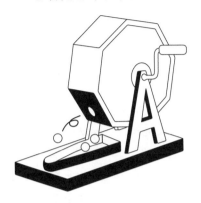

**ランダム化──それはいつも
　　　　　実験計画の要訣**

増加を測定した結果と思ってください.

　因子が3つあっても, あるいはそれ以上あっても, 実験されるすべてのケースに実験用の材料をランダムに割り付けることによって, 因子としては採用されなかったもろもろの要因から受ける影響を積極的に偶然誤差に変換してしまうことが, 実験計画の秘訣のひ

表4.9　生データは, このとおり

ケース	条　件			成　績
	餌	水温	水質	（グラム）
1	ビタミン	28	酸	20
2	ビタミン	28	ア	16.5
3	ビタミン	30	酸	18
4	ビタミン	30	ア	15
5	ミネラル	28	酸	16.5
6	ミネラル	28	ア	14
7	ミネラル	30	酸	12.5
8	ミネラル	30	ア	11.5

とつなのです.

ところで，この実験は第1章の商品見本とそっくりです．けれども，第1章の商品見本では，ケースごとの誤差については考えていませんでした．ここでは分散分析をやろうというのですから，ケースごとに誤差を含んでいると考えていきます．したがって，第1章の商品見本とは別の例題と思ってください．念のために，実験データも第1章とは異なった値を使いました．*

さて，表4.9のような生データを得たとき，どのような手順で分散分析をすればいいでしょうか．その思考過程を明確にするために，どのような生成過程を経てこのデータが生じたかを，神様用のカンニング眼鏡を通して眺めてみます．

表4.10が，そのからくりです．いちばん上に，2階建てのデータ・シートがあって，8個の15.5が記入されています．因子が2つのときには，因子の水準を行の方向と列の方向に並べた二元配置法でことが足りたのですが，こんどは因子が3つもありますから，行と列の方向のほか，層の方向にも1つの因子の水準を配置しなければなりません．ちょうど立体座標の x–y–z 軸のようにです．このような実験計画は**三元配置法**と呼ばれます．もっとも，三元以上はひっくるめ

---

* 表4.9のデータをもとに第1章で紹介した手順，すなわちケース1，4，6，7を式(1.1)のように連立して解いてみてください．

　　　　平均 ≒ 15.38,　　　　餌の効果 ≒ 2.13
　　　　水温の効果 ≒ 1.63,　　水質の効果 ≒ 0.88

となり，すべてが求まったように思えます．けれども，これらの値をケース2，3，5，8に代入してみると，表4.9と矛盾した値になってしまいます．つまり，表4.9からできる8つの方程式を連立して解くのは不能なのです．第1章の例は誤差がゼロの場合であるのに対して，表4.9の成績には誤差が含まれているからです．

て**多元配置法**という
ことが多いようです
が……．

　話をもとに戻しま
す．表4.10の最上
段にある2階建ての
データ・シートに書
かれた8つの15.5
は，ウナギの成長が
餌の種類によっても，
水温によっても，ま
た，水質によっても
差がなく，さらに，
ウナギの個体による
誤差もなければ，8
つのケースが同じ成
績を示すはずであり，
それが15.5グラム
であることを表わし
ています．

　つぎに，餌の効果
として，ビタミンは
2グラムだけ成長を
加速し，ミネラルは
2グラムだけ成長を

表4.10　データ生成の秘密

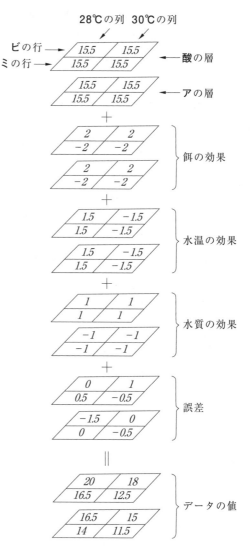

減速する効果があるとして，それを表 4.10 の 2 段めに書いてあります．水質の水準が「酸」を表わす上の層でも，「アルカリ」を意味する下の層でも，「ビタミン」の行は奥に，「ミネラル」の行は手前に位置していることにご注意ください．

　なお，このように効果をプラスとマイナスに等しく振り分けておくと，全体に共通の値がそのまま全体平均となるので，あとでデータを解析するときに便利です．

　同じように 3 段めには，水温の効果が「28℃」の列では 1.5，「30℃」の列では−1.5 として，「酸」の層にも「ア」の層にも記入されています．そして，4 段めでは，水質の効果が「酸」の層にはいっせいに 1，「ア」の層にはいっせいに−1 と書き込まれているのを確認してください．

　表 4.10 の 5 段めは，個々のウナギの個体差による誤差です．8 つの値の平均がゼロになるように配慮したうえで，大小さまざまな値がランダムに配置されています．

　さて，現実に私たちが実験データとして入手できる値は，これら 5 段の値を合計したもの，すなわち

$$データの値＝全体平均＋行の効果＋列の効果$$
$$＋層の効果＋誤差 \tag{4.17}$$

ですから，各ケースごとにこの値を計算してください．表 4.9 の最右列のようになるはずです．このような誕生の秘密が伏せられたまま，私たちには表 4.9 に示す生データが与えられたのです．

またも，種を見破る

　3因子の実験データの分散分析をはじめます．思考過程や作業手順は2因子の場合と同じです．実験データは表4.9や表4.10を見ていただいてもいいのですが，ページを繰るのも煩わしいので，表4.11を見ながら筋書きを追ってくださるといいでしょう．

　まず，行の効果を分析します．2つの層にまたがったビタミンの行には，20，18，16.5，15という4つの値がありますから，合計すると69.5，4で割って平均を求めると17.375，これから全体平均15.5を差し引けば1.875が残り，これがビタミンの行の効果を意味しています．同様にして，ミネラルの行の効果は−1.875と算出されるでしょう．

　つぎは，列の効果です．28℃の列や30℃の列もやはり2つの層に

表4.11　行と列と層の効果を分離する

	行の合計	行の平均	行の効果
〔ビ〕	69.5	17.375	1.875
〔ミ〕	54.5	13.625	− 1.875

	〔28℃〕	〔30℃〕		層の合計	層の平均	層の効果
列の合計	67	57	〔酸〕	67	16.750	1.250
列の平均	16.750	14.250	〔ア〕	57	14.250	− 1.250
列の効果	1.250	− 1.250				

分かれていることに注意して，4つずつの値から列の効果を求めると1.25 と−1.25 が得られます．層の効果を計算する場合には，4つのデータが1つの層に集っているので，目がちらつかないから助かります．計算してみると，表の右下のように 1.25 と−1.25 となりました．列の効果と同じ大きさになりましたが，これはまったくの偶然です．

　最後に，誤差の分離にかかります．データが誕生する過程をひそかに覗き見たところによると，データの値は 116 ページの式(4.17)によって合成されているのでした．この式を書き直すと，

　　　誤差＝データの値−全体平均−行の効果

　　　　　−列の効果−層の効果　　　　　　　　　　　　　　(4.18)

となりますから，この式によって誤差を求めます．なにしろ，データが2つの層にまたがっているので，目がちらつくのが難点ですが，めげずに計算をすると，表 4.12 のような結果となるはずです．

表 4.12　誤差を分離してみると

　これで，行，列，層の効果の有意性を判定するための資料はすべて整いました．因子が2つの前例にならって，それぞれの有意性を検定してみましょう．まず，誤差の不偏分散を求めておきたいのですが，またもや自由度が頭痛の種です．8個の誤差の値があり，これらが算出される過程で使われた平均値は，全体平均が1つ，行と列と層の平均が2つずつで合計7つです．しかし，この7つは互いに独立に存在が許されているのではなく，行平均の合計，列平均の合計，層平均の合計のそれぞれが，全体平均の2倍に等しいという3つの拘束条件がありますから，自由度を減らす平均値の数は

7－3＝4つです. つまり, 誤差の自由度 ϕ_2 は

$$\phi_2 = 8 - (1 + 2 + 2 + 2 - 3) = 4 \tag{4.19}$$

であり, 誤差の不偏分散 V_2 は

$$V_2 = \frac{1}{4}(0.125^2 + 0.625^2 + \cdots + 0.375^2) \fallingdotseq 0.719 \tag{4.20}$$

となります.

　では, 行の効果の不偏分散はどうでしょうか. 自由度 ϕ_{11} は, 効果が2種類で, これを作るのに全体平均を使っていますから

$$\phi_{11} = 2 - 1 = 1 \tag{4.21}$$

です. したがって, 行の効果の不偏分散 V_{11} は

$$V_{11} = 1.875^2 \times 4 + (-1.875)^2 \times 4 \fallingdotseq 28.13 \tag{4.22}$$

と出ます. そうすると, 行の効果の有意性を判定するための F_1 は

$$F_1 = \frac{V_{11}}{V_2} \fallingdotseq \frac{28.13}{0.719} \fallingdotseq 39.1 \tag{4.23}$$

となるはずです. ところが, 巻末の数表を繰ってみると自由度が1と4の F の値は

$$F_{0.05} = 7.71$$

$$F_{0.01} = 21.2$$

です. これに対して私たちが求めた F_1 は 39.1 もありましたから, 行の効果, つまり餌の効果にはじゅうぶんな有意差があると判定できるでしょう.

　つづいて, 列の効果の吟味に移ります. 列の効果の不偏分散は行のときと同じ理由で自由度は1, そして 1.25 という効果が4つ, －1.25 の効果が4つありますから

$$V_{12} = 1.25^2 \times 4 + (-1.25)^2 \times 4 = 12.5 \tag{4.24}$$

となります. で, 列の効果の有意性を判定するための F_2 は

$$F_2 = \frac{12.5}{0.719} \fallingdotseq 17.4 \qquad (4.25)$$

です. これを判定基準の

$$F_{0.05} = 7.71$$

$$F_{0.01} = 21.2$$

と較べてみてください. すでになんべんも書いたように

$F_2 \geqq F_{0.05}$ なら   有意差あり

$F_2 \geqq F_{0.01}$ なら   高度の有意差あり

でしたから, 列の効果, つまり水温の効果には有意差が認められるけれど, 高度に有意差があるというほどではない, となりました.

最後に, 層の効果も調べなければなりませんが, その結論は列の場合と同じにちがいありません. なぜって, 層の効果は列の場合とまったく等しい 1.25 と−1.25 だからです.

以上を総合すると, ウナギの成長に及ぼす餌の効果には明瞭な有意差があるので, ビタミンにちゅうちょなく軍配を挙げることができ, 水温と水質には有意差が認められて, 一応は 28℃ と酸性に軍配を挙げてもいいだろう, となりました. 8つのケースに供試品のウナギをランダムに割り付けたりして実験をした苦労は, じゅうぶんに報われたではありませんか.

これで三元配置法の分散分析は終りなのですが, ここでも

総変動＝行の級間変動＋列の級間変動

＋層の級間変動＋級内変動 (4.26)

を確認してみたらいかがでしょうか. 各人でやってみてください.

$$56 = 28.125 + 12.5 + 12.5 + 2.875 \qquad (4.27)$$

と，どんぴしゃのはずですが……．

　ところで，いまの例でもそうですが，自由度にはいつもいつも泣か
されます．で，つぎの関係式をご紹介しておこうと思います．一般に

$$総変動＝行の級間変動＋列の級間変動$$

$$＋……＋級内変動 \qquad (4.28)$$

なのですが，それぞれの自由度についても

$$総変動の自由度＝行の級間変動の自由度$$

$$＋列の級間変動の自由度$$

$$＋………＋級内変動の自由度 \qquad (4.29)$$

が成立します．そして，総変動の自由度はデータの数 n から1を減
じたものですから

$$n-1=\phi_{11}+\phi_{12}+……+\phi_2 \qquad (4.30)$$

となります．この式で自由度を検算していただくのも有効ですし，ま
た，もっとも頭を悩ます ϕ_2 を

$$\phi_2=n-1-\phi_{11}-\phi_{12}-…… \qquad (4.31)$$

で求めるのも，苦しまぎれの一手でしょう．

因子が4つでも，もっと多くても

　さて，またも忍耐と努力ばんばんざい，です．因子が4つの場合へ
と進みます．もう，かんべんしてくれとおっしゃるのですか？　私だ
って泣きたい心境です．

　私たちは3次元の世界に住んでいます．ですから，行と列と層とが
作り出す立体空間は知覚できますが，因子が4つになると立体空間で
は納まりがつきません．常識的には，どうしようもないのです．けれ

ども，数学では 4 次方程式どころか 5 次でも 6 次でも，もっとそれ以上でも平気で——あまり平気でもないけれど——相手をしているのは万物の霊長たる私たちです．なんとか知恵を絞ってみましょう．

4 つの因子の例として，ウナギの成長を

$$\text{餌} \begin{cases} \text{ビタミン} \\ \text{ミネラル} \end{cases} \quad \text{水温} \begin{cases} 28℃ \\ 30℃ \end{cases}$$

$$\text{水質} \begin{cases} \text{酸} \\ \text{アルカリ} \end{cases} \quad \text{水深} \begin{cases} \text{深} \\ \text{浅} \end{cases}$$

を組み合わせたすべてのケースについて，ウナギをランダムに割り付けたうえで成長実験をしてみたところ，表 4.13 のような成績を得たとしましょう．この実験データを分散分析しようと思うのですが，こんどは因子が 4 つもあるので，データの位置関係を行と列と層とで表わせないのが口惜しいところです．仕方がありませんから，表 4.13 のまま作業を進めることにします．作業の手順は，しかしながら，因子が 3 つ以下の場合と同じですから，心配はいりません．そこで，例をあげながら作業の手順を追ってみることにします．

例としては，水質について「酸」の効果を求めてみましょう．「酸」の状態で実験されたのは，表 4.13 の「酸」の欄に○印が付けられたケース，すなわち，

   1, 2, 5, 6, 9, 10, 13, 14

の 8 ケースです．そして，それらのケースの成績は

   29.5, 13.5, 25.5, 8.5, 21.5, 5.5, 16.5, 1.5

ですから，

   「酸」の合計 = 29.5 + 13.5 + … + 1.5 = 122

   「酸」の平均 = 122/8 = 15.25

表4.13　4因子で実験したら

ケース	餌		水温		水質		水深		成　績
	ビ	ミ	28	30	酸	ア	深	浅	（グラム）
1	○		○		○		○		29.5
2	○		○		○			○	13.5
3	○		○			○	○		30.5
4	○		○			○		○	13.5
5	○			○	○		○		25.5
6	○			○	○			○	8.5
7	○			○		○	○		25.5
8	○			○		○		○	9.5
9		○	○		○		○		21.5
10		○	○		○			○	5.5
11		○	○			○	○		22.5
12		○	○			○		○	5.5
13		○		○	○		○		16.5
14		○		○	○			○	1.5
15		○		○		○	○		17.5
16		○		○		○		○	1.5

16ケース全体の平均は15.5ですから

「酸」の効果 = 15.25 − 15.5 = −0.25

となります. 同様に他の欄についても効果を算出してください. 表4.14のようになるはずです.

つぎに, 誤差を求めます. 前節までの思考過程を反芻してみれば

誤差 = データの値（成績）− 全平均 − 餌の効果

− 水温の効果 − 水質の効果 − 水深の効果　　　(4.32)

であるにちがいありませんから, ごめんどうでも16のケース全部に

表 4.14 効果を求める

因子	水準	合計	平均	効果
餌	ビ	156	19.5	4
	ア	92	11.5	− 4
水温	28	142	17.75	2.25
	30	106	13.25	− 2.25
水質	酸	122	15.25	− 0.25
	ア	126	15.75	0.25
水深	深	189	23.265	8.125
	浅	59	7.375	− 8.125

ついて，これらの値を計算してください．

$$-0.125, \quad 0.125, \quad 0.375, \quad \cdots(中略)\cdots, \quad 0.125$$

が求まるはずです．いっぽう誤差の自由度 ϕ_2 は，118 ページのとき
と同じ思考過程を経て

$$\phi_2 = 16 - (1 + 2 + 2 + 2 + 2 - 4) = 11 \tag{4.33}$$

ですから，誤差の不偏分散は

$$V_2 = \frac{1}{11} \{(-0.125)^2 + 0.125^2 + 0.375^2 + \cdots + 0.125^2\}$$

$$\fallingdotseq 0.148 \tag{4.34}$$

と出ます．

　つづいて，餌の効果の不偏分散を求めると

$$V_{11} = \frac{4^2 \times 8 + (-4)^2 \times 8}{2 - 1} = 256 \tag{4.35}$$

を得，同じようにして水温，水質，水深の不偏分散は

$$V_{12} = 81$$
$$V_{13} = 1$$
$$V_{14} = 1056.25$$

(4.36)

となることを確かめてください.

そうすると, 効果の有意性を判定するための F の値は

餌 : $F_1 \fallingdotseq 1730$

水温: $F_2 \fallingdotseq 547$

水質: $F_3 \fallingdotseq 6.8$

水深: $F_4 \fallingdotseq 7137$

(4.37)

となります. いっぽう, 巻末の数表から自由度が1と11の F の値をひくと, 判定基準は

$$F_{0.05} = 4.84$$
$$F_{0.01} = 9.65$$

ですから, つぎのとおり判定が下ります.

餌 : ビタミンとミネラルの間には高度な有意差があると断言できる.

水温: 28℃と30℃には高度な有意差が確認できる.

水質: 酸性とアルカリ性の間に一応の有意差が認められるが, 高度に有意差があるとはいえない.

水深: 深と浅の間に極めて高度な有意差があると断言できる.

以上で, 4因子の分散分析を終ります.

さらに因子がふえても, また, 水準の数がふえても, 計算の手数は増大するものの, 分散分析の手続きは同様です. ひとつ, 各人で例題を作って分散分析を試みられたらいかがでしょうか. 優雅なひまつぶしになると思いますが…….

5. ラテン方格を使う

——実験計画と分散分析——

すごいテクニックの種を仕掛ける

　今から40年も前の話になりますが，テレビドラマをきっかけに，日本に「くれない族」という新種が誕生したことがありました．教えてくれないから知らなかった，食べさせてくれないから腹が減った，道を平らにしてくれないから転んだなど，自らの努力不足は棚に上げて，責任転嫁する連中のことです．40年も前の話とは言いながら，どうやら最近の新入社員は，まさにこの「くれない族」らしいのです．「仕事のやり方を教えてくれなかったので，できませんでした」というのが，今の新入社員の常套句らしいのです．

　確かに，そのような若者が世間に蔓延しているのは，情けないと思います．けれども，その反面，「教えざるの罪」とでも言いましょうか，親や先輩がもう少し注意したり，教えたりすればいいのにと思うことも少なくありません．親や先輩がちょっとやり方を教えてやれば

できるようなことを自分で見つけようとすると，不必要な無駄を伴ってしまうのですから……

　そういうわけで，この章では，知ってしまえば「なるほど」で済むのに，知らないと容易には気がつかないすごいテクニックをご紹介しようと思います．もっとも，第1章の商品見本で，その輪郭は展示ずみなのですが……．

　前章の最後のほうで，因子の数がふえても，また，水準の数がふえても，計算の手段は増大するものの，分散分析の手続きは同じだと書き，だからたいして困らないという雰囲気をかもしだしていました．反省しています．実は，たいへん困るのです．

　かりに，因子の数が5，水準の数が4になったとしたら，それらの組合せは，

$$4^5 = 1024 \text{ ケース}$$

にもなってしまいます．123ページの表4.13のような○印が，右往左往しながら1024行も並んだ計算用紙を想像してみてください．その中から間違えずに必要な行だけを選んでデータの値を集計したり，＋と－とを取り違えずに

$$誤差 ＝ データの値 － A の効果 － B の効果$$
$$－ C の効果 － D の効果 － E の効果$$

を1024個も計算することが人間業でできるとお思いになりますか．パソコンを使えばいいのではないか，こうおっしゃる方もいるでしょうが，実はもっともっと困ることがあるのです．

　もっともっと困るのは，1024ケースも実験することです．実験に必要な経費，手数，時間などもさることながら，29ページあたりでも述べたように，これだけ多くの実験について因子以外の条件を均一

に揃えることは不可能に近く，そのために誤差の大きい実験になってしまうにちがいありません．1024 ケースをいっきょに比較する実験など，まったくの話，人間業では不可能といっても過言ではないのです．そこで，実験の組合せの数をどんと減らすためのすごいテクニックを紹介しようというのです．

　例題としては因子が 3 つ，水準はそれぞれの因子について 4 つとしましょう．このくらいが筋書きを追っていただくのに手頃だからです．具体的にはウナギの成長実験を

$$
餌 \begin{cases} ビタミン \\ ミネラル \\ イカオイル \\ 混合 \end{cases} \qquad 水温 \begin{cases} 27℃ \\ 28℃ \\ 29℃ \\ 30℃ \end{cases} \qquad 水深 \begin{cases} 100cm \\ 120cm \\ 140cm \\ 160cm \end{cases}
$$

の組合せで行なうとでも考えてください．これらをすべて組み合わせると

$$
4 \times 4 \times 4 = 64
$$

ですから，64 ケースもの実験が必要になるはずです．それにもかかわらず，ここではわずか 16 ケースの実験結果を分散分析することによって，餌の効果，水温の効果，水深の効果，誤差のすべてを算出してご覧に入れます．まあ，だまされたと思って付き合ってください．

　まず，例によって生データが誕生する仕組みを神様の立場から観察していきましょう．表 5.1 を見てください．いちばん上に「15.5」が 4 行 4 列に 16 個並んでいます．もちろん，これは餌や水温や水深を変化させてもウナギの成長にはなんの影響もなく，また，ウナギの個体差による誤差もないと仮定したときの基準値です．それにしても，因子が 3 つありますから，115 ページの表 4.10 と同じ表現をとるな

らば，4行4列のデータ・シート
が4層に積み重ねられ，計64個
の「15.5」が配列されていかなけ
ればなりません．それにもかかわ
らず，行と列だけで層のないデー
タ・シートから出発するところが，
この章の特徴です．

　ごみごみするのを避けるために，
いままでのように「ビタミンの
行」とか「28℃の列」などの文字
は省略しますので，具体的なイメ
ージが欲しい方は，行は餌（ビ，
ミ，イ，混）を，列は水温（27，28，
29，30）を表わすと思っておいて
ください．

　さて，前章までになんべんもや
ってきたように，表5.1の上から
2番目の欄に行の効果が，3番目
の欄に列の効果が配置されていま

表5.1　行と列の効果を加える

15.5	15.5	15.5	15.5
15.5	15.5	15.5	15.5
15.5	15.5	15.5	15.5
15.5	15.5	15.5	15.5

＋　　　　　　　　　行の効果を加える

0.5	0.5	0.5	0.5
−1	−1	−1	−1
1.5	1.5	1.5	1.5
−1	−1	−1	−1

＋　　　　　　　　　列の効果を加える

1	−1.5	0	0.5
1	−1.5	0	0.5
1	−1.5	0	0.5
1	−1.5	0	0.5

＝　　　　　　　　　と，こうなる

17	14.5	16	16.5
15.5	13	14.5	15
18	15.5	17	17.5
15.5	13	14.5	15

すから，これらをいちばん上の基準値に加え合わせます．たとえば，
第1行，第1列，つまり左上隅の数値でいえば

$$15.5 + 0.5 + 1 = 17$$

というように，です．加え合わせた結果はいちばん下の欄のようにな
るでしょう．これが，基準値に行の効果と列の効果が加わった値です．
具体的には，基準値に餌の効果と水温の効果が加算された値と思って

表 5.2　第 3 因子の効果を加える

（ここが，ポイント）

17	14.5	16	16.5	こうなった値
15.5	13	14.5	15	
18	15.5	17	17.5	
15.5	13	14.5	15	

＋

A = −1.5	A	B	C	D	第 3 因子の効果を加える
B = 2	B	C	D	A	
C = −0.5	C	D	A	B	
D = 0	D	A	B	C	

＝

15.5	16.5	15.5	16.5	と、こうなる
17.5	12.5	14.5	13.5	
17.5	15.5	15.5	19.5	
15.5	11.5	16.5	14.5	

ください．

つぎに，第 3 番目の因子の効果，具体的には水深の効果を加えます．前章 114 ページあたりの手法に倣うなら，第 3 番目の因子の効果を 4 層に分けて加えるのですが，ここですごいテクニックを使うのです．表 5.2 を見ていただきます．上段の欄は表 5.1 の最下段の欄のとおり，すなわち，基準値に行と列の効果が加算された値です．それに中段の欄の値を加え合わせるのですが，この中段の欄にご注目ください．

第 3 因子の 4 つの水準がそれぞれ，A，B，C，D という効果を持つと考え，それを中段の欄のように配置するのです．この配置は，どの行にもどの列にも A，B，C，D が 1 つずつ含まれているところが特徴です．こうすれば，どの行にもどの列にも，まんべんなく第 3 因子の効果が加えられているので，ちょうど 4 層に分けて第 3 因子の効果を加えたときと同じ結果となるにちがいありません．

さて，ここで

$$A = -1.5, \quad B = 2$$

$$C = -0.5, \quad D = 0$$

としてみましょう．そして，これらの値を上段の欄に加え合わせると下段の欄ができ上がります．具体例でないと気がすまない方は，第3因子は水深であり，

$$A = 100\text{cm} \text{ の効果} = -1.5$$
$$B = 120\text{cm} \text{ の効果} = 2$$
$$C = 140\text{cm} \text{ の効果} = -0.5$$
$$D = 160\text{cm} \text{ の効果} = 0$$

と考えておきましょう．この際，水深が深くなるにつれて効果が逆転しているのは不自然ではないか，などとぜいたくは言いっこなしです．

最後に，表5.3のように誤差を加えると，実験データができ上がります．誤差は，いかにも正規分布から取り出されたような値を選び，平均をゼロにしてあるところは，前章までの例と同じです．

表5.3　誤差を加えてでき上がり

15.5	16.5	15.5	16.5
17.5	12.5	14.5	13.5
17.5	15.5	15.5	19.5
15.5	11.5	16.5	14.5

と、こうなった値

+

0	0	0	0
−0.5	−0.5	0	1
0	0.5	−0.5	0
−0.5	1	0.5	−1

誤差を加える

‖

15.5	16.5	15.5	16.5
17	12	14.5	14.5
17.5	16	15	19.5
15	12.5	17	13.5

でき上がり

種 を 見 破 る

前節は神様の立場だったので，実験データが誕生するからくりがすっかりお見通しでした．ここで，人間の立場に戻ります．人間の立場でわかっていることは，表5.4の上段のように，餌と水温と水深を組み合わせてウナギの成長実験をしたら，下段のような実験データを得

表 5.4　実験計画とデータ

水温 餌	27	28	29	30
ビ	100	120	140	160
ミ	120	140	160	100
イ	140	160	100	120
混	160	100	120	140

（表中の数字は水深 cm）

こういう組合せで実験したら

⬇

15.5	16.5	15.5	16.5
17	12	14.5	14.5
17.5	16	15	19.5
15	12.5	17	13.5

こういうデータを得た

たということだけです.

だけです，と謙遜しましたが，4×4×4＝64 ケースもの実験が必要になりそうなところを，表 5.4 上段に配置を示したようなすごいテクニックを使うことによって，16 ケースの実験に 64 ケースぶんの情報を盛り込むことに成功したのですから，本当は「だけ」どころではありません.大いに誇っていいでしょう.

けれども，せっかく盛り込んだ情報を取り出せなくては，なんにもなりません.そこで，表 5.4 の下段のデータを分散分析して，餌や水温や水深の効果と誤差とを取り出してみることにしましょう.

まず，行の効果，つまり餌の効果を求めます.これは，ちっとも難しくありません.103 ページの表 4.6 のときと同じです.表 5.5 を見

表 5.5　行と列の効果を分離する

				行の合計	行の平均	行の効果
15.5	16.5	15.5	16.5	64	16	0.5
17	12	14.5	14.5	58	14.5	− 1
17.5	16	15	19.5	68	17	1.5
15	12.5	17	13.5	58	14.5	− 1

列の合計	65	57	62	64
列の平均	16.25	14.25	15.5	16
列の効果	0.75	−1.25	0	0.5

（全体平均 15.5）

てください．行ごとに合計を求め，4で割って平均値を出し，それから全体平均15.5を差し引けば，それが行の効果になります．同じようにして，列の効果も簡単に求まります．ここまでは従来どおりで，なんともありません．ほんの少し頭を使うのは，このあとです．

　第3因子の効果，すなわち水深の効果を求めるには，第3因子の配列に注意する必要がありますので，くどいようですが，もう一度，表5.6に第3因子の配列とそれに対応するデータとを載せておきました．

この表を見ながら，Aの位置に対応するデータを集めてください．15.5，12.5，15，14.5の4つが集まるはずですから，合計すると57.5，4で割って平均を求めると14.375，したがって，Aの効果は15.5を差し引いた−1.125となります．同様にして，B，C，Dについての効果を求めてください．表5.7のようになるはずです．

　表5.5と表5.7によって，行と列と第3因子の効果が求まりました．あとは誤

表5.6　因子の配列とデータ

A	B	C	D
B	C	D	A
C	D	A	B
D	A	B	C

15.5	16.5	15.5	16.5
17	12	14.5	14.5
17.5	16	15	19.5
15	12.5	17	13.5

表5.7　第3因子の効果を分離する

		合計	平均	効果
Aの位置	15.5 + 12.5 + 15　+ 14.5 = 57.5	14.375	− 1.125
Bの位置	17　+ 16.5 + 17　+ 19.5 = 70	17.5	2
Cの位置	17.5 + 12　+ 15.5 + 13.5 = 58.5	14.625	− 0.875
Dの位置	15　+ 16　+ 14.5 + 16.5 = 62	15.5	0

差を求めるだけです．誤差は式(4.18)と同様に

　　　誤差＝データの値－全体平均－行の効果

　　　　　－列の効果－第3因子の効果　　　　　　　(5.1)

であるにちがいありません．第3因子の位置を間違えないように注意
しながら，16個のデータについてこの値を求めてください．たとえ
ば第4行，第4列，つまり右下隅のデータについては

　　　誤差＝13.5－15.5－(－1)－0.5－(－0.875)＝－0.625

というように，です．こうして16個のデータについて誤差を求める
と，表5.8ができるでしょう．*

表5.8　誤差を分離する

－ 0.125	－ 0.25	0.375	0
－ 0.25	－ 0.375	0	0.625
0.625	0.25	－ 0.875	0
－ 0.25	0.375	0.5	－ 0.625

　これで，行と列と第3
因子の効果，それに誤差
のすべてが分離できまし
た．念のために神様が仕
掛けた種と較べてみてく
ださい．ぴったりの値も
あり，やや相違する値もありますが，まあまあの線にいっているとい
えるでしょう．人間の知恵もたいしたものです．

　さて，こうして求めた行や列や第3因子の効果は，各水準について
有意差があるといえるでしょうか．それを検定するために，まず，誤
差の不偏分散 V_2 を計算しようと思うのですが，はて，自由度はいく
らなのかと考え込んでしまいます．なにしろ64個ぶんの情報を16個
に濃縮してしまったので，だいぶ勝手がちがうのです．

＊　表5.8では有効桁数がまちまちですみません．こういうのは数値の表現とし
　　ては稚拙なのですが，1を1.00と書くのも煩わしいので，小数点以下1桁目
　　〜3桁目の0は省略してあります．あしからず．

これまでの計算の過程で平均値をいくつ使っているかと真面目に考えてみると，行と列と第3因子の平均値が4個ずつで計12個，それに全体平均を1つ使っていますから合計13個なのですが，これらの間には

「行の平均」の平均＝全体平均

「列の平均」の平均＝全体平均

「第3因子の平均」の平均＝全体平均

の拘束がないとつじつまが合いませんから，平均値を使ったことによって失われる自由度は10個だけです．したがって，16個の誤差について不偏分散を計算するときの自由度は

$$16-10=6$$

となります．* ここまでわかれば，あとは簡単……．表5.8の16個の値を2乗して合計し，6で割れば誤差の不偏分散 V_2 が求まります．

$$V_2 = \frac{1}{6}\{(-0.125)^2 + (-0.25)^2 + \cdots + (-0.625)^2\}$$

$$= \frac{1}{6} \times 2.875 \fallingdotseq 0.479 \tag{5.2}$$

つぎに，行の効果の不偏分散 V_{11} は

$$V_{11} = \frac{1}{4-1}\{0.5^2 \times 4 + (-1)^2 \times 4 + 1.5^2 \times 4 + (-1)^2 \times 4\}$$

$$= 6 \tag{5.3}$$

---

*   自由度にはいつも泣かされます．一般に，レベルの数を r とすると，データの数は r^2，使った平均値は $3r+1$，そのうち独立でないのが3つありますから，自由度は

$$r^2 - (3r+1-3) = r^2 - 3r + 2 = (r-1)(r-2)$$

となります．

同じように，列の効果の不偏分散 V_{12}，第3因子の効果の不偏分散 V_{13} を計算すれば

$$V_{12} \fallingdotseq 3.2 \tag{5.4}$$

$$V_{13} \fallingdotseq 8.0 \tag{5.5}$$

したがって，効果の有意性を判定するための F は

行の効果の F $\qquad F_1 \fallingdotseq \dfrac{6}{0.479} \fallingdotseq 12.5 \tag{5.6}$

列の効果の F $\qquad F_2 \fallingdotseq \dfrac{3.2}{0.479} \fallingdotseq 6.7 \tag{5.7}$

第3因子の効果の F $\qquad F_3 \fallingdotseq \dfrac{8}{0.479} \fallingdotseq 16.7 \tag{5.8}$

となります．ここで，自由度が3と6との F を数表から引いてみると

$$F_{0.05} = 4.76$$

$$F_{0.01} = 9.78$$

ですから，

餌(行)には，充分な有意差あり

水温(列)には，有意差あり

水深(第3因子)には，充分な有意差あり

という結論を得ました．費用などの他の要因を無視すれば，ウナギの成長のためにはイカオイルを餌として与え，27℃の水温の中で120cm の深さで飼育するのが最高……といえるでしょう．

ラ テ ン 方 格

この章では，私たち人間の知恵が驚くほどの成果をあげつつありま

す．なにしろ，常識的には64ケースも
必要だと考えられる実験の情報を16ケ
ースの中に濃縮し，しかも，その情報を
分散分析によって取り出すことに成功し
たのですから……．

表 5.9　これがラテン方格

A	B	C	D
B	C	D	A
C	D	A	B
D	A	B	C

　この成果の秘訣は表5.9のような因子の割り付けでした．そこには，
行にも列にも第3の因子が1つずつ公平に割り付けられています．こ
のような配列を**ラテン方格**，または**ラテン格子**，ときには**ラテン方陣**
と呼んでいます．格子も方格も方陣も四角な升目を意味するし，また，
もとはラテン文字で書かれたので，このように呼ぶわけです．

　ラテン方格を使用するためには，1つだけ条件があります．それは，
3つの因子の水準が同数であることです．同数でなければラテン方格
はできませんし，同数なら必ずできます．表5.10に，水準の数が2
つ，3つ，4つの場合のそれぞれについて，ラテン方格の一例を書い
ておきました．右端にある4水準用のラテン方格は，表5.9のものと
は配列が異なっていますが，どの行にもどの列にも，A, B, C, D
が1つずつ公平に割り付けられている点に変りはありませんから，ど
ちらでも同じ効果を発揮します．

　表5.10の左端にある2水準用のラテン方格を使って，実験計画の

表 5.10　ラテン方格の見本

A	B
B	A

A	B	C
B	C	A
C	A	B

A	D	C	B
B	A	D	C
C	B	A	D
D	C	B	A

具体例を考えてみてください。たとえば、こんなのはいかがでしょうか。オデンの味はだしと煮込み方によって決まるといわれます。そこで、煮込み方についての実験をしようと思います。因子は、ナベの材料、フタの有無、だしを沸騰させるか否かの3つで、水準はそれぞれ

$$\text{ナベの材料} \left\{ \begin{array}{l} \text{陶器} \\ \text{金属} \end{array} \right.$$

$$\text{フタの有無} \left\{ \begin{array}{l} \text{有} \\ \text{無} \end{array} \right.$$

$$\text{沸騰の有無} \left\{ \begin{array}{l} \text{させる} \\ \text{させない} \end{array} \right.$$

としましょう。3因子2水準の実験です。

さっそく第1因子の「ナベの材料」を横軸に、第2因子の「フタの有無」を縦軸にとって——なんだかグラフを画くような気分——4つの方陣を作り、

沸騰させる を A

沸騰させない を B

とみなして、表5.10のラテン方格を参照しながら「させる」と「させない」を配列すると、表5.11ができ上がります。これで、実験計画は終りです。

3因子で2水準ですから、本来なら$2 \times 2 \times 2 = 8$ケースの実験を必要としそうなところを、ラテ

表 5.11 ラテン方格による第3因子の割付け

第2因子＼第1因子		ナベの材料	
		陶	金
フタの有無	有	させる	させない
	無	させない	させる

ン方格のおかげで，4ケースの実験計画ですみました．めでたしめで
たし，ですが，あまりにもあっけなくて，つまりません．*

　表5.11の実験計画では，3つの因子について2つずつの水準を組
み合わせた4つの実験が計画されているのですが，これを別の書式に
直してみると表5.12のようになります．これは，4ページの表1.1か
ら，1，4，6，7の4つのケースを選び出したものと，どんぴしゃり
です．実は，ここのところは次の章への布石なのです．酒を飲みなが
ら原稿を書いていても，ちゃんと先のことを考えているところが，わ
れながら，あっぱれです．

表 5.12　書き方を変えてみると

ケース	ナベの材料		フタの有無		沸　騰　の　有　無	
	陶	金	有	無	させる	させない
1	○		○		○	
2	○			○		○
3		○	○			○
4		○		○	○	

実験回数を節約すると

　うまい話には裏がある，といいます．ラテン方格を利用すれば，8
回ぶんの実験を4回で，27回ぶんの実験は9回で，64回ぶんの実験

---

　*　このような実験をしたあげくに，オデンの味をどのように採点するのだろ
うと素朴な疑問を抱かれた方は，拙著『評価と数量化のはなし【改訂版】』を
ご一読ください．あ，またまたPRをしてしまった……．

は16回で，すなわち，n^3回ぶんの実験をn^2回で済ますことができるというのですから，こんなうまい話はありません．けれども，正直なところ，本当にn^2回の実験がn^3回の実験とまったく同じ価値を持つのでしょうか．せちがらい世の中，そんなにうまい話があるわけないではありませんか．n^3回ぶんの実験をn^2回で済ませば，若干の欠点を伴うのはやむを得ないのです．

　主な欠点は，実験回数の減少に見合うだけ実験の精度が悪くなることです．この章で使った例，すなわち，餌と水温と水深の3因子をそれぞれ4水準に変化させてウナギの成長を調べた実験について考えてみましょう．もしかりに，ラテン方格などを使わず，ばか正直に64ケースの実験をするなら，そのうちの16ケースでは「ビタミン」が餌として与えられます．これに対して，ラテン方格を使って16ケースの実験で済ます場合には，「ビタミン」の出番が4回しかありません．いうなれば，ばか正直な実験では16ケースに「ビタミン」の情報が盛り込まれているのに，ラテン方格を使った利口な実験では「ビタミン」の情報は4ケースにしか盛り込まれていないのです．そうすると，どうなるか……．

　第1章に展示した商品見本の14ページあたりで，ダイヤモンドの重さに関する情報を2回の測定に盛り込むと1回だけの場合と較べて誤差が$1/\sqrt{2}$に減り，また，43ページあたりで，実験誤差は実験回数の平方根に反比例して減少すると知ったことから類推すると，「ビタミン」についての実験が16回から4回へと1/4に減るならば，実験誤差は2倍に増えるにちがいありません．*

　情報が盛り込まれると誤差が減るというのは，観念的には理解できても，具体的なイメージが湧きにくいかもしれません．そこで，具体

的に実験誤差が発生するメカニズムを調べてみましょうか. ごめんど
うでも131ページの表5.3を見ていただきます. この表は, 3因子4
水準の実験にラテン方格法を適用して16ケースの実験をするとき,
そのデータが誕生する過程で, ウナギの個体差によって生ずる誤差が
データに仕込まれている現場を覗き見しているところでした. その誤
差は, 平均値がゼロで標準偏差が1の正規分布から偶然に取り出され
た16個の値であり, それらが16の位置にランダムに割り振られたも
のと考えていただいて結構です.

　ランダムに割り振られたものですから, 行や列にとっては多少の不
公平が生じ, 第1列の誤差の合計が−1なのに, 第2列の誤差の合計
が+1になったりしてしまいました. どの列にも4個ずつの値しかあ
りませんから, この結果, 第1列と第2列の平均値には±0.25の不
公平が生じてしまい, その不公平が効いて, 私たちが算出した列の効
果(表5.5)と神様が仕込んだ種(表5.1)との間に食い違いができてし
まったのです. このような不公平が, 実は, 実験誤差を生じさせる最
大の原因です. 単純な理論だけからいえば, 実験誤差の原因そのもの
です.

　これに対して, ラテン方格法に頼らず, ばか正直に64ケースの実
験をしたらどうでしょうか. こんどは, 4行4列のデータ・シートが
4層になった64個の升目に, 平均値がゼロで標準偏差が1の正規分
布から偶然に取り出された64個の値がランダムに割り振られるはず
です.** そうすると, どの行や列にも16個の誤差の値がありますか

---

　*　表5.3や表5.8の誤差はウナギの個体差によって生じたデータのばらつきの
　　ことであり, 実験誤差ではありません. 実験誤差はつぎのページで正体を現
　　わします.

ら，列や行ごとに誤差の値を合計してみると，たった4個の誤差を合計したラテン方格法の場合より大きな合計値になるかもしれません．けれども，こんどは16で割って平均値を求めますから，平均値に発生する不公平はラテン方格法の場合より小さくなる傾向があります．

平均値に発生する不公平は実験誤差の原因そのものでしたから，それなら，ばか正直な実験のほうがラテン方格法より実験誤差が小さくなる理屈です．そして，その小さくなり方は，140ページの理屈によって1/2，逆にいえば，ラテン方格法によると誤差は2倍にふえることになります．

同じように考えていくと，前節でナベの材料とフタの有無と沸騰の有無によってオデンの味がどう仕上がるかを実験したときのように，2×2のラテン方格を使えば実験誤差はばか正直な実験に較べて$\sqrt{2}$倍になるし，また，3×3のラテン方格によって実験回数を1/3に減らせば，実験誤差は$\sqrt{3}$倍にふえることは覚悟しなければならない理屈です．現実には46ページに書いたように，実験回数がふえるにつれて実験条件の不均一による誤差が追加されますから，ラテン方格によ

＊＊ 表5.3には右の表Aのような誤差の値がちりばめられていました．同じ正規分布から64個の値を取り出すと，表Bくらいになるのがふつうです．表Aと表Bは，ともに平均値ゼロ，標準偏差が1.1くらいです．

表A		表B	
誤差の値	個数	誤差の値	個数
1.5	0	1.5	1
1	2	1	4
0.5	2	0.5	13
0	7	0	28
− 0.5	4	− 0.5	13
− 1	1	− 1	4
− 1.5	0	− 1.5	1

って実験回数を減らしたときの誤差の増大は理屈ほどではありません
が……．

　ラテン方格法によって実験の回数を節約すると，それにつれて実験
誤差が増大することはわかりましたが，実験誤差がふえるとなにが困
るのでしょうか．いいかえると，実験誤差はどのような災いを私たち
にもたらすのでしょうか．

　私たちは，すでになんべんも**分散分析**を行なってきました．分散分
析は文字どおり分散（ばらつき）を分析して，因子の水準を変えたこと
による効果と偶然の誤差とに分離し，効果が誤差に較べて十分に大き
く，効果に有意性があるといえるかどうかを，F分布表の値を基準に
して判定したのでした．そして，この判定を**検定**というのでした．

　それらはちょうど，まったくの新人の打撃力をテストする場合と似
ています．10打数で4安打の成績からこの新人が3割打者といえる
かどうかを判定するなら，まぐれで出る1本か2本のヒット，つまり
偶然による誤差と比較してみると，4本のヒットでは積極的に3割以
上を打つ実力があるとは言いきれないでしょう．これに対して，100
打数で40安打なら，まぐれで3本とか5本とかのヒットが出た可能
性はあっても，3割以上の実力があると判定されるにちがいありませ
ん．つまり，実験回数が少ないと実験誤差が紛れ込む可能性が大きい
ので，余程の成績をあげないと3割打者とは判定されないし，実験回
数が多ければ，3割を少し上回っただけでも3割打者と判定されるの
です．

　F分布表は，このような事情をすっかり勘案のうえで作られていま
す．実験回数が少ないと実験に伴う誤差が大きいので，簡単には「有
意差あり」とは判定できないほどきびしい値になっていますし，実験

回数が多いときには比較的やさしい値に作られているのです. その証拠に, 3因子×4水準をラテン方格法によって実験したとき, 有意差の判定基準となる F の値は, 自由度が3と6でしたから, 136ページに書いたように

$$F_{0.05} = 4.76$$
$$F_{0.01} = 9.78$$

でしたけれど, ばか正直に64ケースの実験を行なったときの, 自由度は

$$\phi_1 = 4 - 1 = 3$$
$$\phi_2 = 64 - (1 + 4 + 4 + 4 - 3) = 54$$

なので, 市販されている F 分布表を調べてみると

$$F_{0.05} = 2.79$$
$$F_{0.01} = 4.22$$

となります. もし, 136ページの式(5.7)で求めた列の効果の F が, 64ケースのばか正直な実験結果であったならば, 136ページの結論のように

　　　水温(列)には, 有意差あり

ではなく

　　　水温(列)には, 充分な有意差あり

となるはずでした.

　検定の思想は「疑わしきは無罪」です.「有意差ありとは言えない」という判定は積極的に「有意差がない」と保証しているのではなく,「有意差があると判定するだけの証拠がない」と言っているにすぎません. したがって, ラテン方格を利用して実験回数を節約すると, 実験誤差が紛れ込む可能性が多いぶんだけきびしく定められた F の値

疑わしきは無罪
これが検定の精神

と比較させられるので，本当は有意差があるにもかかわらず，「有意
差があるとは言えない」と判定される可能性が増大することになりま
す．これが，実験回数を削減したために生じる実害です．もっとも，
この責任はラテン方格法にあるのではなく，実験回数を節約したこと
にあるのですが……．

　それにしても，ラテン方格を利用すると実験回数を大幅に削減でき
るのは，実験に要する経費や期間の大幅な節約につながりますから，
こたえられない魅力です．そのうえ，なんべんも書いてきたように，
実験回数を減らしたときの誤差の増大は理屈ほどではないというので
すから，ラテン方格を利用しない手はありません．

交互作用はどうした

　ラテン方格を利用すると実験回数を大幅に削減できるけれど，その

代償として実験誤差が増大し，そのぶんだけ有意差を認めてもらえない危険性が増すことを覚悟しなければならないと書いてきました．やはり，n^2 回の実験は n^3 回の実験とまったく等価ではありません．

　さらにもうひとつ，ラテン方格を利用した n^2 回の実験では，n^3 回の実験にかなわない点があります．それは，交互作用が見破れないという点です．

　交互作用＊とは，たとえば，ウナギが 28℃ の水の中に住んでいるときにはビタミンを与えたほうが成長しやすく，30℃ の水に住んでいるときにはミネラルのほうが効きがいいというような，2 つ以上の因子がからみ合って生ずる「取り合せの妙」のことです．n^3 回の実験をすればこの交互作用を見破ることができるのに，ラテン方格を利用した n^2 回ではそれができないのです．

　おそれいりますが，117 ページの表 4.11 を見ていただけませんか．それは，3 因子×2 水準の実験をばか正直に $2^3 = 8$ ケースについて行なった結果から行と列と層の効果，つまり，3 因子のそれぞれの効果を分析しているところでした．さらに，これらの効果を引き算して，118 ページの表 4.12 のような誤差を分離したりもしました．そのあげくに，式 (4.27) のように全分散の内訳のつじつまが合っていることを誇示したりもしました．

＊　交互作用と似た用語に**交絡**があります．両方とも 2 つ以上の因子のからみ合いのことですが，交互作用のほうは実験をくふうすれば見破れるのに対して，交絡のほうは本質的に見破ることのできない「からみ合い」を指します．たとえば，72 ページで表 3.15 を説明して「誤差の列ごとの合計がゼロでないときは，そのぶんが列の効果として仕掛けられたのか，誤差に含ませて仕掛けられたのか，人智をもっては区別することができません」とありましたが，これも交絡の一例です．

　けれども，本当をいうと，そのとき「誤差」の内容をもっと詳しく吟味すれば，そこに，「行と列の交互作用」，「行と層の交互作用」，「列と層の交互作用」を発見し，誤差からそれらを分離することができたのです．第4章では，因子どうしの交互作用はない，あるいは，考えないこととして話を進めてきましたし，また，実験データを整理するときに，そのような立場をとることも少なくありませんから，第4章で因子間の交互作用を無視してきたことについては，ご容赦ください．

　では，章を改めて交互作用の分析にはいりたいと思います．ご容赦くださった方も，容赦ならぬと怒られた方も，お付き合いのほど，お願いいたします．

6. 交互作用と直交表

どれだけの情報を取り出せるか

「偶然」という言葉があります．けれども，本当は「偶然」などこの世の中にはないのではないでしょうか．サイコロを振ったら偶然に・が出た，などといいますが，サイコロを振るときの強さ，高さ，方向，回転などや，サイコロが転がる面の凹凸，固さ，などなどのすべてが完全にわかっているならば，サイコロの目は事前に予測できたはずであり，偶然にではなく必然的に・が現われたにすぎないはずです．

けれども，サイコロを振るときの強さひとつをとってみても，それは，腹の減りぐあいや気持ちの減入り加減などたくさんの理由によって微妙に変化しますから，高さ，方向，回転，さらに，サイコロが転がる面についての細部まで完全に知ることは不可能です．その結果，サイコロの目を事前に予測することができないので，「偶然に・が出

どれだけの情報を
とり出せるかは、知恵しだい

た」と逃げることになります. すなわち, 本当は自然の掟に従って生
起している事象であっても, その生起の筋道が私たちの乏しい知識に
よっては説明できないため, 十把ひとからげに「偶然」のせいにして
いるように私には思えます.

　こういう観点からいえば, 知識の程度によって偶然か必然かの判断
に差が出ることは少なくないでしょう. その証拠に, 日食や月食は私
たちにとっては必然的な現象ですが, 天文学の知識のない時代の人々
にとっては偶然だったにちがいありません.

　同じようなことが「誤差」にもありそうです. 私たちは実験によっ
て真の値を知ろうと努力をするのですが, しかし, いくら努力しても
私たちの力では真の値を知ることはできません. どうしても, なにが
しかの誤差がつきまといます. そして, 実験データに含まれる情報の
うち, どこまでを意味のある情報として取り出すことができ, 残りカ
スを十把ひとからげに誤差として取り扱うはめになるかは, 私たちの

知識の多寡に依存しています.

表6.1を見てください. これは, 第3章で

$$
餌 \begin{cases} ビタミン \\ ミネラル \end{cases} \quad 水温 \begin{cases} 28℃ \\ 30℃ \end{cases} \quad 水質(pH) \begin{cases} 酸性 \\ アルカリ性 \end{cases}
$$

という3因子×2水準で行なったウナギの成長実験のデータが上段の
ような値であったとき, それを分析してそれぞれの因子の効果を求め,
データの値から全体平均とそれぞれの効果を差し引いて誤差を分離し
た結果を表にしたものです.

もしも, 餌や水温や水質に効果があるらしいとの知識を持ち合せず
に, あるいは, 持ち合せていても分析する方法を知らずに, 表6.1の

表6.1　3因子の効果を取り出すと誤差が残る

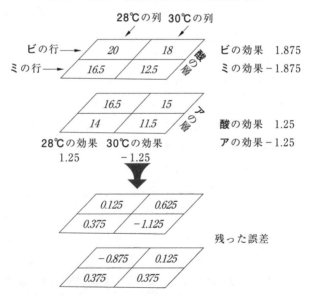

上段のデータを与えられたらどうでしょうか．たぶん，全体平均
15.5 を求め，ウナギの体重は実験期間中に平均して 15.5 グラムだけ
増加したと認識するにとどまり，各データと 15.5 の差は，すべて餌
や水温や水質のちがいとウナギの個体差などに起因する誤差とみなし
たにちがいありません．幸いなことに，私たちには餌や水温や水質の
ちがいが効果を生むかもしれないとの問題意識があり，しかも，因子
ごとの効果を算出する知識があったので，3 つの因子のそれぞれにつ
いての効果を分離し，残りを誤差とみなすことができたのでした．そ
して，

総変動＝餌の因子変動＋水温の因子変動

＋水質の因子変動＋誤差変動　　　(4.26)もどき*

を計算してみたところ

$56 = 28.125 + 12.5 + 12.5 + 2.875$ 　　　　　　(4.27)とおなじ

が確認できたのでした．

けれども，すでに述べたように，実験データから意味のある情報を
どれだけ取り出すことができるかは私たちの知恵しだいです．式
(4.26)もどきに見るように，3 つの因子についての情報を取り出した
あげくに絞りカスのように残った「誤差変動」から，さらに有効な情
報が取り出せないものでしょうか．

ここで，はっと気がつかれた方は，冴えわたっています．そうです．
いままでの分散分析では，餌と水温，餌と水質，水温と水質の相互間

---

*　86 ページに書いたように，因子変動は級間変動と，また，誤差変動は級内
　変動と同意語です．この章からあとは，因子変動，誤差変動を使います．途
　中で用語を変えるのはどうかとも思いますが，そのほうが説明の内容にぴっ
　たりなので…．

に存在するかもしれない**交互作用**についてはまったく考慮していませんでした．したがって，もし交互作用が存在しているとしても，その情報は十把ひとからげに誤差変動の中に捨てられているにちがいありません．そこで，知恵を絞って交互作用の情報を誤差の中から抽出してみようではありませんか．

交互作用の効果を分離する

思考の糸口を見つけるために，餌の因子変動がどのような経緯で求められたかを振り返ってみてください．まず，水温や水質を無視してビタミンの行の値を平均し，それが全体平均より 1.875 だけ大きいことを知り，ついで，ミネラルの行の平均がそのぶんだけ小さいことを確かめ

$$餌の因子変動 = 4 \times 1.875^2 + 4 \times (-1.875)^2 = 28.125$$

を求めたのでした．すなわち，ビタミンとミネラルを対立させて全体平均からのばらつきの大きさを求めたことになります．図式的に書くなら

餌の因子変動　は　ビタミン対ミネラル　のばらつき

となるでしょう．

この考え方を餌と水温との交互作用の変動に応用すると，水質は無視して，餌と水温の交互作用による変動は

$$\left.\begin{array}{l} \text{ビタミンで 28℃} \\ \text{ミネラルで 30℃} \end{array}\right\} \text{対} \left\{\begin{array}{l} \text{ビタミンで 30℃} \\ \text{ミネラルで 28℃} \end{array}\right.$$

とすればいいはずです．ビタミンのときは 28℃ がよく，ミネラルのときは 30℃ がいいというような交互作用が強ければ強いほど，この

対立は顕著になるにちがいありません.

　では, さっそく計算してみましょう.「ビタミンで28℃」と「ミネ ラルで30℃」は, 表6.2にうすずみを塗ったところです. すなわち

合計 $= 20 + 12.5 + 16.5$
$$+ 11.5 = 60.5$$

平均 $= 60.5 \div 4 = 15.125$

効果 $= 15.125 - 15.5$
$$= -0.375$$

です. いっぽう,「ビタミ ンで30℃」と「ミネラル で28℃」では

表6.2　餌と水温の交互作用を求める ために

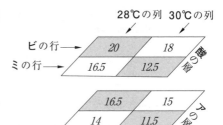

合計 $= 18 + 16.5 + 15 + 14 = 63.5$

平均 $= 63.5 \div 4 = 15.875$

効果 $= 15.875 - 15.5 = 0.375$

となります. したがって

餌と水温の交互作用による変動 $= 4 \times (-0.375)^2$
$$+ 4 \times 0.375^2 = 1.125 \quad (6.1)$$

と求まりました.

　つづいて, 餌と水質の交互作用へ進みます. 表6.3を参照しながら

$\left.\begin{array}{l}\text{ビタミンで酸}\\\text{ミネラルでア}\end{array}\right\}$ 対 $\left\{\begin{array}{l}\text{ビタミンでア}\\\text{ミネラルで酸}\end{array}\right.$

の変動を算出してください. 誰がやっても

餌と水質の交互作用による変動 $= 4 \times 0.375^2 + 4 \times (-0.375)^2$
$$= 1.125 \quad (6.2)$$

となるはずです.

154

表 6.3 餌と水質のために

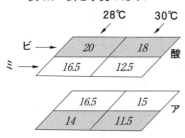

この調子で，水温と水質の交互作用も調べます．表 6.4 の助けを借りて

$$\left.\begin{array}{l} 28{}^\circ\mathrm{C}\text{で酸} \\ 30{}^\circ\mathrm{C}\text{でア} \end{array}\right\} \text{対} \left\{\begin{array}{l} 28{}^\circ\mathrm{C}\text{でア} \\ 30{}^\circ\mathrm{C}\text{で酸} \end{array}\right.$$

の変動を計算すると次のとおりです．

水温と水質の交互作用による変動

$$= 4 \times 0.25^2 + 4 \times (-0.25)^2 = 0.5 \tag{6.3}$$

表 6.4 水温と水質のために

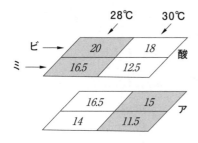

これで，3 つの因子の間に存在する交互作用はすべて求まりました．これ以外には，ありません．強いていうなら，餌と水温と水質が三つ巴になった交互作用があるかもしれませんが，なにしろ，8 つの実験データはすべてこの三つ巴の影響下にあるので，それを分離して抽出することは不可能です．いうなれば，餌と水温と水質の交互作用はその他の誤差と**交絡***しているのです．

少し整理をしましょう．そのためには，水温と水質の交互作用による変動などと書いていたのでは煩わしいので

| 総変動 | S |
| 餌の因子変動 | S_A |

---

* 交絡については，146 ページの脚注をご参照ください．また，164 ページや 174 ページでも触れることになります．

水温の因子変動 S_B

水質の因子変動 S_C

餌と水温の交互作用による変動 $S_{A \times B}$

餌と水質の交互作用による変動 $S_{A \times C}$

水温と水質の交互作用による変動 $S_{B \times C}$

誤差変動 S_E

と書くことに約束します．そうすると，交互作用を無視していた第4章の場合には

$$S = S_A + S_B + S_C + S_E \qquad \qquad (4.26) もどき$$

であり，それは

$$56 = 28.125 + 12.5 + 12.5 + 2.875 \qquad \qquad (4.27) とおなじ$$

だったのですが，この S_E の中からさらに $S_{A \times B}$, $S_{A \times C}$, $S_{B \times C}$ を抽出することに成功したこの章では

$$S = S_A + S_B + S_C + S_{A \times B} + S_{A \times C} + S_{B \times C} + S_E \qquad (6.4)$$

となり，* それは

$$56 = 28.125 + 12.5 + 12.5 + 1.125 + 1.125 + 0.5 + S_E \qquad (6.5)$$

です．したがって，

$$S_E = 0.125 \qquad \qquad (6.6)$$

でないと勘定が合いません．

　表6.5を見てください．目盛りは正確ではありませんが，左の柱は第4章で行なった分散分析，つまり，因子間に交互作用がないとしたときの変動の内訳です．それに対して右の柱は，人智の限りを尽くして誤差の中から交互作用を抽出したときの変動の内訳です．なるほど，

---

　　*　式(6.4)の S_E は，式(4.26)もどきの S_E から $S_{A \times B}$, $S_{A \times C}$, $S_{B \times C}$ を差し引いた値です．記号は同じでも中身がちがいます．紛らわしくて，すみません．

表 6.5　変動の内訳は

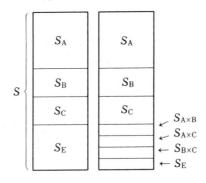

人智を尽くせば「誤差」をずいぶん減少させることができるものだと感心してしまいます.

　感心ついでに, せっかく求めた交互作用に有意差があるかどうかを調べておきましょう. そのためには, 各因子ごとに効果の不偏分散と誤差の不偏分散とを知らなければなりませんが, 87 ページに書いたように, 不偏分散を自由度で割る前の姿が変動ですから, 変動を自由度で割りさえすれば不偏分散が求まる理屈です.

　まず, 自由度について考えると, 総変動 S の自由度7が, S_A, S_B, S_C, $S_{A \times B}$, $S_{A \times C}$, $S_{B \times C}$ に1つずつ使われていて, S_E には1つしか残されていません. これは, ちょうど

$$\phi_2 = (行の数 - 1)(列の数 - 1)(層の数 - 1) = 1 \quad (4.4) もどき$$

とも符合しています. そうすると, 誤差の不偏分散は

$$V_2 = S_E / \phi_2 = 0.125 / 1 = 0.125 \qquad (6.7)$$

です. また, 3種類の交互作用の効果は, 118 ページのときと同じように, いずれも2つの値があり, これを作るのに全体平均を使っていますから, 自由度は

$$\phi = 2-1 = 1 \qquad \text{(4.21)もどき}$$

です．したがって，不偏分散の値は変動の値と等しく

餌と水温の交互作用による効果の不偏分散 $= V_{A \times B} = 1.125$

$$(6.8)$$

餌と水質の交互作用による効果の不偏分散 $= V_{A \times C} = 1.125$

$$(6.9)$$

水温と水質の交互作用による効果の不偏分散 $= V_{B \times C} = 0.5$

$$(6.10)$$

となります．そうすると，有意差の有無を判定するための F は

$$F_{A \times B} = V_{A \times B}/V_2 = 1.125/0.125 = 9 \qquad (6.11)$$

$$F_{A \times C} = V_{A \times C}/V_2 = 1.125/0.125 = 9 \qquad (6.12)$$

$$F_{B \times C} = V_{B \times C}/V_2 = 0.5/0.125 = 4 \qquad (6.13)$$

となるのですが，これは判定基準の値

$$F_{0.05} = 161, \quad F_{0.01} = 4052$$

と較べると問題にならないくらい小さな値です．したがって，3種類の交互作用には有意差が認められません．

　有意差が認められないくらいなら，これらの交互作用を意味のある情報として分離するのは不自然であり，十把ひとからげに誤差として取り扱うほうが当を得ています．そのように取り扱うと

$$S = S_A + S_B + S_C + S_E \qquad \text{(4.26)もどき}$$

とした第4章の記述どおりの結果になります．

水準数が不均一でも

　前節の例では，行と列と層の水準がいずれも2つずつで等しかった

表 6.6　こういうときは，どうするか

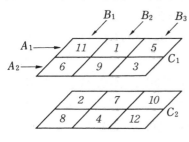

から表 6.2 のような対角線上の相手どうしを組み合わせることができたけど，水準の数が等しくないときはどうするのかと心配される方もいるかもしれません．そこで，表 6.6 を例として，水準の数が等しくない場合の交互作用を求めてみましょう．

表 6.6 では，A 因子の水準を 2，B 因子の水準を 3，C 因子の水準を 2 とし，12 個のデータの値には計算例を追うのが便利なように，1 から 12 までの数字を 1 つずつ割り振ってありますから，全体平均は 6.5 です．交互作用には，A と B，A と C，B と C の 3 種類がありますが，ここでは，B と C の交互作用を代表に選んで計算の手順をご紹介しましょう．

こんどは，前節とは異なった方向からアプローチします．B と C の交互作用を調べるのですから，A を完全に無視してかかるのです．そのために，表 6.6 における A_1 と A_2 の区別を取り除き，それらの平均値を採用します．たとえば，B_1 で C_1 のところでは A_1 が 11，A_2

表 6.7　こういうときは，こうする

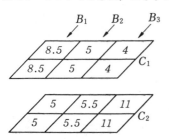

が 6 となっていますが，その両方を 8.5 という平均値に置き換えてしまいましょう．そうすると，表 6.6 は表 6.7 のように変身します．

表 6.7 を見てください．すっかり A 因子の影響が取り除かれて，B 因子と C 因子の影響だけが残っ

ています．ここで，この表を使ってB因子とC因子の影響による総変動 S_{BC} を求めてみましょう．110ページのときと同じように12個の値のそれぞれから全体平均6.5を差し引いて2乗し，合計します．

$$S_{BC} = 2\{(8.5-6.5)^2 + (5-6.5)^2 + (4-6.5)^2 + (5-6.5)^2$$
$$+ (5.5-6.5)^2 + (11-6.5)^2\} = 72 \qquad (6.14)$$

となります．

　ところで，B因子とC因子の影響による総変動 S_{BC} とは，なんでしょうか，それは，Bによる因子変動 S_B と，Cによる因子変動 S_C と，BとCの交互作用による変動 $S_{B×C}$ とが混り合ったものにちがいありません．すなわち

$$S_{BC} = S_B + S_C + S_{B×C}$$
$$\therefore \quad S_{B×C} = S_{BC} - S_B - S_C \qquad (6.15)$$

であるはずです．表6.7または表6.6から S_B と S_C を計算してみると

$$S_B = 10.5 \qquad S_C = 5.\dot{3}$$

ですから

$$S_{B×C} = 72 - 10.5 - 5.\dot{3} = 56.1\dot{6} \qquad (6.16)$$

でないと理屈が合いません．

　こうして，3水準のB因子と2水準のC因子が作り出す交互作用の変動を求めることができました．この方法は両因子の水準が等しい場合にも使えますから，表6.2〜表6.4のようなごく単純な場合を除いては，この手順を使うのがふつうです．

　このほかの計算は各人でやっていただくことにして，計算結果だけを羅列しておきましょう．

$$S \quad = 143 \qquad (6.17)$$

$$S_A = 3 \qquad S_{A \times C} = 1.\dot{3}$$
$$S_B = 10.5 \qquad S_{B \times C} = 56.1\dot{6}$$
$$S_C = 5.\dot{3} \qquad S_E = 63.1\dot{6} \qquad \left.\begin{array}{c}\\\\\\\\\end{array}\right\} \text{合計 143} \qquad (6.18)$$
$$S_{A \times B} = 3.5$$

見てください. 総変動 143 の大部分を $S_{B \times C}$ が占めているではありません か. きっと, 因子 B と因子 C の交互作用が強烈なのでしょう. その強烈さを確認するために, $S_{B \times C}$ の有意差を検定してみます. B と C の交互作用の自由度 ϕ_1 は

$$\phi_1 = (\text{列の数} - 1)(\text{層の数} - 1) = (3-1)(2-1) = 2 \qquad (6.19)$$

ですから,* B と C の交互作用の不偏分散 V_1 は

$$V_1 = \frac{56.1\dot{6}}{2} \fallingdotseq 28 \qquad (6.20)$$

です. いっぽう誤差の自由度 ϕ_2 は,

$$\phi_2 = (\text{行の数} - 1)(\text{列の数} - 1)(\text{層の数} - 1)$$
$$= (2-1)(3-1)(2-1) = 2 \qquad (6.21)$$

なので, 誤差の不偏分散は

$$V_2 = \frac{63.1\dot{6}}{2} \fallingdotseq 31.6 \qquad (6.22)$$

となります. したがって, 有意差の有無を判定するための F は

$$F \fallingdotseq \frac{28}{31.6} \fallingdotseq 0.886 \qquad (6.23)$$

と出ます. ところが, 数表をひいてみると, 判定基準の F は

$$F_{0.05} = 19.0, \qquad F_{0.01} = 99.0$$

---

* B と C の交互作用は表 6.6 における列と層にだけ関係していますから, 自由 度 ϕ_1 は式 (6.19) のようになります.

ですから，ＢとＣの交互作用にも有意差があるとはいえないのです．
この調子では，各因子の効果にも，ＡとＢ，およびＡとＣの効果に
も，有意差が見出せるはずはありません．ようするに，表6.6は実験
データとしては，しっちゃかめっちゃかで，このデータからはなんの
効果も発見できないのです．それもそのはず，計算手順をご紹介する
ために１から12までの数字をいい加減に並べたにすぎなかったので
すから……．

　ともあれ，この節では因子が３つあり，しかも各因子の水準の数が
等しくない場合に交互作用を計算する方法を知りました．それから，
因子が４つ以上の場合でも，計算手順はこの延長線上にあると考えて
いただいて結構です．

２因子の実験で交互作用がわかるか

　この章では，因子が３つの場合に，ラテン方格を使って実験回数を
節約せずに，

　　　　　第１因子の水準数×第２因子の水準数×第３因子の水準数

のケースについて実験をすると，３つの因子の効果ばかりではなく，
２つずつの因子の交互作用による効果も求まり，必要に応じてそれら
の有意性を検定することができると書いてきました．では，順序が逆
戻りするようですが，因子が２つの場合には実験結果から交互作用を
求めることができないのでしょうか．たとえば，表6.8のような実験
データがあるとしましょう．行（Ａ因子）の効果や列（Ｂ因子）の効果は
表6.8に記入したとおりですから，それぞれの変動は

$$S = (5-5)^2 + (8-5)^2 + (3-5)^2 + (4-5)^2 = 14 \qquad (6.24)$$

表 6.8　交互作用は求まるか

	B_1	B_2	計	平均	効果
A_1	5	8	13	6.5	1.5
A_2	3	4	7	3.5	−1.5
計	8	12			
平均	4	6	（全体平均＝5）		
効果	−1	1			

$$S_A = 2 \times 1.5^2 + 2 \times (-1.5)^2 = 9 \tag{6.25}$$

$$S_B = 2 \times (-1)^2 + 2 \times 1^2 = 4 \tag{6.26}$$

です．そして，A 因子と B 因子の交互作用による変動を，153 ページで表 6.2 から餌と水温の交互作用による変動を式(6.1)によって求めたときと同じ手順で計算すれば

$$S_{A \times B} = 2 \left(\frac{5+4}{2} - 5 \right)^2 + 2 \left(\frac{8+3}{2} - 5 \right)^2 = 1 \tag{6.27}$$

となります．因子が 2 つの場合でも，見事に交互作用の変動が求められるではありませんか．あとは，この値を自由度で割って交互作用の効果の不偏分散を求め……と手順を踏めば，交互作用についても有意性を検定できるにちがいありません．

表 6.9　誤差を分離すると

	B_1	B_2
A_1	−0.5	0.5
A_2	0.5	−0.5

と，よろこんではいけないのです．なぜかというと，つぎのとおりです．表 6.8 の実験データから，交互作用を考慮していなかった 104 ページなどでなんべんもやったように，全体平均と行と列の

効果を差し引いて誤差を求めると表6.9のようになります. これから
誤差変動を計算してみると

$$S_E = (-0.5)^2 + 0.5^2 + 0.5^2 + (-0.5)^2 = 1 \tag{6.28}$$

です. ここで, 奇妙なことにお気づきではないでしょうか. 表6.10
を見てください. 左の柱は, 総変動 S の内訳を交互作用を考慮せず
に S_A, S_B, S_E を区分したもので

$$S = S_A + S_B + S_E = 9 + 4 + 1 = 14$$

と, ちゃんとつじつまが合っています. これに対して右の柱は, S_A
と S_B に式(6.27)によって計算した $S_{A \times B}$ を加えたもので

$$S = S_A + S_B + S_{A \times B} = 9 + 4 + 1 = 14$$

となってしまい, 総変動から因子変動と交互作用の変動を差し引いた
あとに残るはずの誤差変動がはいり込む余地がありません. 反対の見
方をすれば, 総変動から因子変動を差し引いた残りのすべてを交互作
用のせいにしているとも言えるでしょう. これは, いけません. 表
6.8の4つのデータは, いずれも2つの因子の交互作用とその他の誤
差との影響下にあり, その中から交互作用の影響を抽出することはで

表 6.10 総変動の内訳を較べると

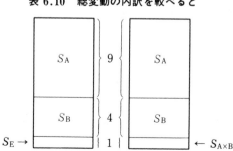

きないのです．いうなれば，交互作用とその他の誤差とが**交絡**していて分離できないのです．分離ができない以上，それらは十把ひとからげに誤差として扱うしかありません．

こういうわけですから，因子が2つの場合には交互作用を分離して評価することは，残念ながらできないのです．

2因子の実験を繰り返すと

因子が2つの場合には交互作用を分離できないというのが前節の結論でした．けれども，因子が3つの場合には交互作用を分離できるし，因子が1つの場合はもともと交互作用など存在しないから問題ないのに，因子が2つの場合だけ交互作用が分離できないようでは困ります．だいいち，それは天の采配としては不自然な感じがします．きっと，打開の道があるにちがいありません．

打開の道はすごく簡単です．因子を1つふやして3つにしてやればいいのです．ただし，不必要な因子を追加するのはばかげていますから，実験の回数に因子の代用をさせます．端的にいえば，同じ実験を2回以上くり返せばいいのです．

もうだいぶ前になりますが，94ページで

餌：ビタミン，ミネラル，混合餌

水温：27℃，28℃，29℃，30℃

という，3×4＝12ケースの実験結果を分散分析して，餌の種類にも水温の差にも一応の有意差は認められるので，効果がもっとも大きい「混合餌」と「28℃」を選ぶのが得策であり，生データが最大の値を示している「ビタミンと28℃」の組合せを採るのは正しくない，と

結論づけたことがありました. けれども, そのときには交互作用についての配慮はまったくありませんでしたし, 仮にあったとしても, 1ケースあたり1回ずつの実験結果からは, 交互作用を分析することはできない相談でした.

もし, そのときに餌と水温に交互作用があるかどうかも調べる気であったなら, 同じ実験を2回以上は繰り返さなければならなかったのです. 仮に, 同じ実験を2回だけ繰り返した結果が表6.11のとおりであったとしましょう. これはもう完全に因子が3つの場合と同じスタイルのデータです. ただし, 3番目の因子に相当する「実験の繰返し」と餌や水温との間の交互作用に気遣う必要はありませんから, そのぶんだけ計算がらくになります. 計算手順の紹介はやたらに紙面を喰うばかりで, おもしろくもなんともありませんから, 第7章の197ページの例を参照していただくことにして省略しますが, この章で述べてきた手順を応用すれば, 餌と水温の交互作用を分離して, その有意性を検定できることは明らかでしょう.

表6.11 これなら交互作用もわかるはず

このように，因子が2つの場合でも，同じ実験が繰り返されていれば2つの因子の交互作用を分離して評価することができます．

ところで，94ページの脚注で，「1ケースあたり何匹のウナギを使うのかと疑問に思われるかもしれませんが……」と問題を提起したままになっていましたが，交互作用に考慮を払う必要がなく，1回だけの実験で済ますなら，実験に使えるウナギを各ケースに同数ずつ割り振り，各ケースごとにウナギの成長の平均値を実験データとすればいいでしょう．けれども，交互作用も調べたいときには，少々事情が異なります．一般的に言えば，実験によって得たデータはそのままのときがいちばん多くの情報を持っています．データを合計したり平均したりすれば必ず情報量は減少します．たとえば，(3, 5)という2つの生データを(平均4，データ数2)としたとたんに，生データが(3, 5)なのか(2, 6)なのか，あるいは他の値なのか，まるでわからなくなっ

---

* 一例として表Aのような4回分のデータをそのまま使って計算すると
$$S = 88, \quad S_A = 9, \quad S_B = 36, \quad S_{A \times B} = 1, \quad S_E = 42$$

表A

繰返し	A＼B	B_0	B_1
1	A_0	2	4
	A_1	4	6
2	A_0	2	8
	A_1	4	10
3	A_0	4	8
	A_1	6	8
4	A_0	2	4
	A_1	4	4

表B

繰返し	A＼B	B_0	B_1
1	A_0	2	6
	A_1	4	8
2	A_0	3	6
	A_1	5	6

↗

てしまいます. そういうわけですから, 1回の実験の各ケースにたくさんのウナギを割り当てて, それらの平均値を実験データとするようなことは避け, 各回の実験の各ケースに1匹ずつのウナギを割り当て, ウナギの数が許す限度まで実験の繰返し数を多くするのが, 理屈のうえでは, もっとも情報量が多い, 言い換えれば, 精度のよい実験ということができます. *

もちろん, 1回目, 2回目, ……の実験には必ずしも時間差をおく必要はなく, まとめて実験したうえで, 1回目のデータ, 2回目のデータ, ……とランダムに識別すればことたりることは, いうまでもありません.

理屈はこうなのですが, 現実の問題としては, 実験に使えるウナギが数百匹もあるからといって, 各回・各ケースに1匹ずつのウナギを割り当てて数十回も繰り返される実験として取り扱うと, データ処理の手数が著しく煩雑で, やりきれません.

そういうときには, 多少の精度低下には目をつむります. 各回・各

↗となります. これに対して, 1回目と2回目のデータを平均し, 3回目と4回目のデータを平均して, 2回の実験とみなすと, データは表Bのようになり, これから計算すると

$$S \quad =26$$
$$S_A \quad =4.5$$
$$S_B \quad =18$$
$$S_{A×B}=0.5$$
$$S_E \quad =3$$

となります.

両方の計算結果を比較すると, S_A, S_B, $S_{A×B}$ の相対的な大きさは変りませんが, 後者のほうが誤差に対する検出が著しく甘くなっているのが目に付きます. なにしろ, 平均することによって誤差を中和してしまっているからです.

ケースに数匹ずつのウナギを割り当て，その平均値を実験データとすることによって実験の繰返しを数回程度におさえることは，やむを得ないでしょう．

なにがわかるかを整理すると

私たちは第3章で，因子が1つで実験の繰返しがある場合には，分散分析の手順を踏んで因子の効果と誤差とを分離し，因子の効果の有意性を検定できることを知りました．そして，実験データの総変動 S は，因子変動 S_A と誤差変動 S_E との和，すなわち

$$S = S_A + S_E \qquad\qquad (3.19) もどき$$

であることを確認しました．*

つづいて，第4章，第5章，第6章と進むにつれて，因子が2つの場合には，実験の繰返しがなければ

$$S = S_A + S_B + S_E \qquad\qquad (4.11) もどき$$

となり，各因子の効果を検定できるだけですが，実験の繰返しがあれば，各因子の効果のほかに両因子の交互作用の効果も知ることができることも知りました．つまり，変動についていえば

$$S = S_A + S_B + S_{A \times B} + S_E \qquad\qquad (6.29)$$

と書けるにちがいありません．

さらに，因子が3つの場合には，ラテン方格を使って実験回数を節

---

* 因子が1つだけで実験に繰返しがない場合には，因子の効果と誤差とが交絡していて分離することができず，

$$S = S_A$$

としか表わしようがありません．したがって，因子の効果の有意性を検定することはできません．各人で適当な例題を設定して検証してみてください．

約すると

$$S = S_A + S_B + S_C + S_E \qquad\qquad (4.26)もどき$$

となり，3つの因子の効果がわかるだけですが，正直にすべてのケースの実験を1回ずつ行なえば

$$S = S_A + S_B + S_C + S_{A\times B} + S_{A\times C} + S_{B\times C} + S_E \quad (6.4)とおなじ$$

となり，3因子の効果のほかに，2つずつの因子がからみ合う交互作用の効果についても調査できることを知りました．

　それでは，因子が3つの場合に実験の繰返しがあったらどうなるのでしょうか．詳しい説明はあまり必要がないので省きますが，3因子の実験を繰り返すと，因子の効果と2因子ずつの交互作用による効果のほかに，3因子がからみあった交互作用の効果も求めることができます．つまり，変動についての式を書くと

$$S = S_A + S_B + S_C + S_{A\times B} + S_{A\times C} + S_{B\times C} + S_{A\times B\times C} + S_E \quad (6.30)$$

となります．

　ここまでの内容を表6.12にとりまとめておきました．因子の数と実験の繰返しがどのような成果をもたらすかが，かなりはっきりしてきたようです．

　なお，経験的にいうと，3因子がからみ合った交互作用は，2因子の交互作用よりもさらに効果が小さいことが多く，因子の効果に較べれば，無視できるのがふつうです．したがって，因子が3つの場合に，3因子間の交互作用が気になるだけの理由で，ばか正直な実験を2回以上も繰り返す必要は，例外を除いて，ほとんどありません．

　1因子，2因子，3因子ときたら，つぎは4因子です．4つの因子を組み合せた実験では，いったい，なにがどうなるのでしょうか．だいたいの傾向は表6.12から類推できそうにも思えますが，ラテン方格

表 6.12　総変動 S の内訳

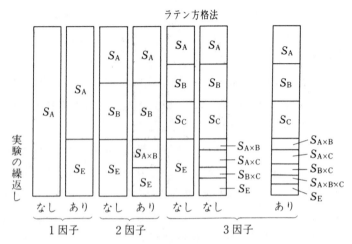

ラテン方格法

実験の繰返し

なし　あり　なし　あり　なし　なし　あり
1 因子　　2 因子　　　3 因子

法みたいなテクニックがあるのやらないのやら，どうにもはっきりしません．そこで，つぎの節で奇妙な作業を行ないます．この作業は 4 因子の実験の仕組みを知るためにも役立ちますが，実は，実験計画法の根源を明らかにしてくれるはずです．乞う，ご期待……．

2^2 型 直 交 表

私たちの日常では，10 進法を多く使っています．1 桁めが 0 から始まって，1, 2, 3. ……と進み，9 を経て 10 個めになると 2 桁のところが 0 から 1 に変ると同時に，1 桁のところが 0 に戻るという仕組み，すなわち，10 個ごとに上の桁に繰り上っていく仕組みが 10 進法で，0 から 9 までの 10 個の文字を必要とします．

これに対して，文字が 0 と 1 の 2 つしかなく，2 個ごとに上の桁に

繰り上るような数字の表現法を2進法といいます. 2進法はコンピュータと相性がいいので, コンピュータの勉強を通じて2進法に馴染まれた方も少なくないでしょう.

2進法による2桁の数字を小さいほうから書き下すと表6.13のようになります. これ以外には, ありません. どういうわけか, 私たちはこれらの数字をそっくりいただくことにします. そして, 2桁めを第1列, 1桁めを第2列とみなして, 第1列の文字と第2列

表6.13　2進法による 2桁の数字

第1列	第2列
↓	↓
0	0
0	1
1	0
1	1

の文字との間で演算を行なうのですが, その演算は私たちが馴れ親しんでいる＋－×÷のどれでもありませんので, それを⊗とでも書き,

$$\left.\begin{array}{l} 0 \otimes 0 = 0 \\ 0 \otimes 1 = 1 \\ 1 \otimes 0 = 1 \\ 1 \otimes 1 = 0 \end{array}\right\} \quad (6.31)$$

と約束します.

この掛け算もどき*は, またあとで使いますので, 大脳皮質に蓄えておいてください.

さて, 第1列の文字と第2列の文字とに掛け算もどきを行なわせ, その結果を第3列に書き加えると表6.14ができ上ります. この4行

＊　0を＋, 1を－とすれば⊗は掛け算に相当します. プラスとプラスを掛けるとプラス, プラスとマイナスを掛けるとマイナス, マイナスとマイナスを掛けるとプラスですから……. また, 0を1, 1を2としてみても⊗が掛け算に近い性格を持っていることがわかります.

表 6.14　掛け算もどきの
　　　　結果を加える

第1列	第2列	第3列
↓	↓	↓
0	0	0
0	1	1
1	0	1
1	1	0

表 6.15　表装するとでき上り

実験番号 ＼ 列番号	1	2	3
ケース 1	*0*	*0*	*0*
ケース 2	*0*	*1*	*1*
ケース 3	*1*	*0*	*1*
ケース 4	*1*	*1*	*0*
表　示	A	B	A×B

表 6.16　2因子×2水準の
　　　　実験計画

実験番号 ＼ 因子	A	B
ケース 1	A_0	B_0
ケース 2	A_0	B_1
ケース 3	A_1	B_0
ケース 4	A_1	B_1

×3列の0と1の配列は 2^2 型の**直交表**と呼ばれるのですが，その由来などはあとまわしにして，額縁で表装して表6.15を作ります．

　表6.15を実験計画と結びつけてみましょう．実験因子としてAとBとを選び，A因子の水準は A_0 と A_1 の2つ，B因子の水準は B_0 と B_1 の2つであると思ってください．すなわち，2水準ずつを持つ2因子の実験です．この場合，A因子の2水準とB因子の2水準のすべての組合せで実験計画を立てるなら，表6.16のように4ケースの実験を必要とします．ここで，表6.16のAやBに添えられた0と1とを表6.15の第1列と第2列の0や1と較べてみてください．ぴったり同じではありませんか．したがって，表6.15の第1列はA因子の水準，第2列はB因子の水準の割り付けを示しているとみなしていいでしょう．

　それでは，表6.15の第3列はなにを示しているのでしょう

表 6.17　こういうデータがあったとする

そっと第3列の値を書いてある──┐

実験番号 \ 因子	A	B	↓	実験データ
ケース1	*0*	*0*	*0*	5
ケース2	*0*	*1*	*1*	8
ケース3	*1*	*0*	*1*	3
ケース4	*1*	*1*	*0*	4

か. 実は, 第3列はA因子とB因子の交互作用を表わしているのです. それは, つぎのように考察してみると明らかになります.

表 6.18　こう書き直せる

A因子 \ B因子	0	1
0	5	8
1	3	4

表 6.16 のような計画に従って実験をしたところ, 表 6.17 のような実験データを得たとしましょう. 表 6.17 は, さらに, 表 6.18 のように書き直すことができますが, 実は, これは 162 ページの表 6.8 とAやBの添字が異なるだけで, まったく同じ内容を示しています.

そこで, 表 6.18 や式(6.27)を参考にしてみると,

　　　A因子の効果を知るためには　　5と8, 3と4

　　　B因子の効果を知るためには　　5と3, 8と4

　　　交互作用の効果を知るためには　5と4, 8と3

が集められて計算のもとになっていることがわかります. そして, 表 6.17 を見ていただくと

　　　5と8, 3と4　は　第1列の　0と0, 1と1

　　　5と3, 8と4　は　第2列の　0と0, 1と1

　　5と4，8と3　は　第3列の　0と0，1と1

の位置に対応しているではありませんか．つまり，A因子の効果を
知りたければ第1列の，B因子の効果を知るためには第2列の，そし
て，AとBの交互作用を調べるためには第3列の0と1の位置に注
目して，データの値を集めればいいのです．

　この事実から，表6.15の第1列がA因子，第2列がB因子を割り
付けたものであるなら，第1列と第2列に掛け算もどきの演算を施し
て作った第3列が，A因子とB因子の交互作用を表わしているにち
がいないと推察されます．

　なお，第3列は，A因子とB因子の効果以外の残り，すなわち，
「A因子とB因子の交互作用を含む誤差」というのが，本当は正しい
でしょう．その理由は161〜163ページでご説明したとおりです．け
れども一般的には，表6.15のように第3列にはA×Bが割り付けら
れていると表示するのがふつうです．

　ところで，前の章でラテン方格を利用して実験回数を節減したとき
の例題として，オデンの煮込み方について139ページの表5.12のよ
うな実験計画を立てたことがありました．その表を

$$
\text{ナベの材料} \left\{
\begin{array}{lll}
\text{陶器} & \text{を} & 0 \\
\text{金属} & \text{を} & 1
\end{array}
\right.
$$

$$
\text{フタの有無} \left\{
\begin{array}{lll}
\text{有} & \text{を} & 0 \\
\text{無} & \text{を} & 1
\end{array}
\right.
$$

$$
\text{沸騰の有無} \left\{
\begin{array}{lll}
\text{させる} & \text{を} & 0 \\
\text{させない} & \text{を} & 1
\end{array}
\right.
$$

として書き直してみてください．表
6.19のようになるはずです．この

表 6.19　見たような表ですね

実験番号＼因子	ナベ	フタ	沸騰
ケース1	0	0	0
ケース2	0	1	1
ケース3	1	0	1
ケース4	1	1	0

AとBの影響を多少は受けるけど
空家にしておくのは もったいないからCを入れる

表の0と1の配置を見てください. 表6.14や表6.15に示した2^2型直交表と完全に同じではありませんか. 2^2型直交表では, 第3列は第1列と第2列に割り付けられた因子の交互作用を表わしていたはずなのに, その第3列に「沸騰の有無」という3番目の因子が割り付けられているとは, なにごとでしょうか.

これには, わけがあります. 前にも書いたように, 2つの因子が生み出す交互作用の効果は, 因子そのものの効果よりずっと小さいのがふつうです. それなら, 実験を計画するに当って交互作用の効果は無視しようと考えることがあっても不思議ではありません. 交互作用が無視できるなら2^2型直交配列表の第3列は不要です. 不要なら使わないでおけばそれまでのことなのですが, 空家にしておくくらいなら, そこに第3の因子を割り付けて, 3つの因子の効果を同時に調べてしまうほうが得策ではありませんか.

こういう理由で, A因子とB因子の交互作用に関する情報を犠牲

にして，そこにC因子を割り付けたのがラテン方格法だったのです．もっとも，こうして得たC因子の効果には，第3列に現われるはずのA因子とB因子の交互作用の効果が交絡しています．そこでラテン方格法のように，交絡を積極的に利用して実験回数を減らすような方法を**交絡法**あるいは**混合法**と呼ぶことがあります．

2^3 型 直 交 表

　前節では，2進法で書いた2桁の数字からスタートして2^2型直交表を作り，その配列表に従って因子の水準を割り付ければ，2因子の効果とそれらの交互作用を知るための実験計画か，あるいは，ラテン方格法によって3因子の効果を知るための実験計画が立案されることを知りました．そして，実験データを分散分析する段階でも，この配列表に従ってデータを集計すればいいこともわかりました．

**表6.20　2進法による
3桁の数字**

A列	B列	C列
↓	↓	↓
0	0	0
0	0	1
0	1	0
0	1	1
1	0	0
1	0	1
1	1	0
1	1	1

　では，2進法で書いた3桁の数字からスタートしたら，どうなるでしょうか．表6.20は，3桁の数字を小さいほうから順に並べたものです．前節の例からみて，左側の列にはA因子を，中央の列にはB因子を，右側の列にはC因子を割り振ることになりそうですから，それぞれA列，B列，C列と名付けてしまいましょう．

　このA列，B列，C列をもとにして配列表を作っていくのですが，まず，A列とB

列に 171 ページの式 (6.31) の約束に従って掛け算もどきを施して新しい列を作りましょう．そして，この新しい列は A 列と B 列とによって誕生したのですから，A 列と B 列のあとに並べます．すなわち，A 列を第 1 列に，B 列を第 2 列に置き，第 3 列には A×B の列を並べることになります．

つぎに第 4 列には C 列を置き，つづいて A×C の列と B×C の列を並べるのも自然のなりゆきでしょう．そして最後に A×B×C の列を配置します．A×B×C の列は，A×B の列 (第 3 列) に C 列 (第 4 列) を掛け算もどきしても，A 列 (第 1 列) に B×C の列 (第 6 列) を掛け算もどきしても同じでき上りになるはずです．A，B，C の 3 つの列から作り出せる新しい列はこれ以外に存在しません．こうして表 6.21 のような 2^3 型直交表が完成しました．なお，第 7 列では 3 つの因子がいっしょに作り出す交互作用とその他の誤差が交絡していることに注意しておきましょう．

表 6.21　こうして 2^3 型直交表ができる

列番号 実験番号	1	2	3	4	5	6	7
ケース 1	0	0	0	0	0	0	0
ケース 2	0	0	0	1	1	1	1
ケース 3	0	1	1	0	0	1	1
ケース 4	0	1	1	1	1	0	0
ケース 5	1	0	1	0	1	0	1
ケース 6	1	0	1	1	0	1	0
ケース 7	1	1	0	0	1	1	0
ケース 8	1	1	0	1	0	0	1
表　　示	A	B	A×B	C	A×C	B×C	A×B×C

　この表を見ながら，第4章で表4.9に示された実験データを5ページも費やして分散分析した作業と，この章の152ページ以降でそれを再検討した作業とを反省してみてください．

　まず，第4章の作業では，第1列に餌を，第2列に水温を，そして第4列には水質を割り付けて実験し，実験データを第1列，第2列，第4列の0と1のとおりに分類して集計し，餌，水温，水質の各因子について効果を算出して有意差を調べたのでした．そうすると，第3，5，6，7列のぶんを十把ひとからげに誤差とみなしていたことになります．これは，なんとももったいない話です．この章でやったように，第3，5，6列の0と1に従ってデータを集計すれば，餌と水温，餌と水質，水温と水質の交互作用についても検討することができたはずです．

　そのうえ，もしも餌と水温の交互作用が無視できるほど小さいことが事前にわかっているなら，第3列には4番目の因子，たとえば水深などを割り付けることによって，一挙に4つの因子の効果を調べることができたはずです．餌と水質の交互作用が現われる第5列についても，また，水温と水質の交互作用が現われる第6列についても，事情は同じです．

　かりに，2つの因子間の交互作用については無視できるかどうかの判断材料に乏しいので，念のためにその列は残しておきたいと考えたとしても，前にも述べたように3つの因子がからみ合った交互作用は非常に小さいのがふつうですから，せめて第7列に4番目の因子を割り付けることくらいは考えてみたかったと反省しきりです．

　少なくとも，たった第1列と第2列と第4列しか利用しないくらいなら，その3つの因子を2^2型直交表に割り付けて，実験回数を4回

に削減するのが得策だったのです.*

　その点, この章の152ページ以降で行なった同じテーマに対する再検討は, さすがにしっかりしています. 3つの因子の効果はもちろんのこと, 第3, 5, 6列を利用して2因子ごとの交互作用のすべてを調べあげたのですから……. ただ, 第7列にもうひとつの因子を割り付けられることには気がついていなかったのが残念です.

　なお, 4因子以上の実験では, ラテン方格法という用語はありません. けれども, 2^3型直交表に4つ以上の因子を割り付けて, 8ケースだけの実験データから4つ以上の因子の効果を検出する手口は, ラテン方格法の延長線上にあり, ラテン方格法よりさらに効果的です. なにしろ, すべての交互作用が無視できるなら最大7因子を7列に割り付け, ばか正直にやれば $2^7 = 128$ ケースもの組合せがある実験を, わずか8ケースの実験で済ますことができるのですから…….

2^n 型 直 交 表

　2^2型直交表に 2^3型直交表がつづけば, そのつぎは 2^4型直交表が現われるに決まっています. 2進法で書かれた4桁の数字を小さい順に列挙したのが表6.22です. この4つの列に逐次, 171ページの式(6.31)の約束に従った掛け算もどきを施して新しい列を作り, それらを並べていきましょう.

　列の並べ方は, 表6.23に見るように, まずAとBから始まり, そ

---

*　第1, 2, 4列しか利用しないなら, ケース1, 4, 6, 7の実験を採り上げることによって, 2^2型直交配列表による3因子の実験(たとえば, 表6.19)と等価値になります.

**表 6.22　2 進法による
4 桁の数字**

A 列 ↓	B 列 ↓	C 列 ↓	D 列 ↓
0	0	0	0
0	0	0	1
0	0	1	0
0	0	1	1
0	1	0	0
0	1	0	1
0	1	1	0
0	1	1	1
1	0	0	0
1	0	0	1
1	0	1	0
1	0	1	1
1	1	0	0
1	1	0	1
1	1	1	0
1	1	1	1

のあとに A と B とでできる A×B を置き，つぎには C を，そのあとには C が追加されたことによって誕生する A×C，B×C，A×B×C をつづけ，つぎには D と D の参加に伴って誕生する新しい列を並べていきます．考え方は，前節で 2^3 型直交表を作ったときと同じです．こうしてできた表 6.23 は 2^4 型直交表です．

　この表の使い方は，もう説明を要しないでしょう．第 1, 2, 4, 8 列にそれぞれ 2 水準の 4 つの因子 A，B，C，D を 0 と 1 の区分に従って割り付けて実験し，そのデータを各列ごとに 0 と 1 の区分に従って集計して変動や不偏分散を計算すると，4 つの因子 A，B，C，D の効果のほかに，2 つの因子の交互作用が 6 種類と，3 つの因子がからみ合った交互作用が 4 種類と，さらに，4 つの因子の交互作用を含む誤差とを分離して効果の大きさを調べることができます．

　けれども，なんべんも書いたように，3 つ以上の因子がからみ合った交互作用は非常に小さいのがふつうですから，第 7, 11, 13, 14, 15 列には別の因子を割り付けてしまったらどうでしょうか．A, B, C, D と合わせて 9 因子もの効果をわずか 16 ケースの実験結果から知ることができるのですから，うそのような，本当の話です．

表 6.23　これが 2^4 型直交表

実験番号 ＼ 列番号	1	2	3	4	5	6	7	8	9	10	11	12	13	14	15
ケース 1	0	0	0	0	0	0	0	0	0	0	0	0	0	0	0
ケース 2	0	0	0	0	0	0	0	1	1	1	1	1	1	1	1
ケース 3	0	0	0	1	1	1	1	0	0	0	0	1	1	1	1
ケース 4	0	0	0	1	1	1	1	1	1	1	1	0	0	0	0
ケース 5	0	1	1	0	0	1	1	0	0	1	1	0	0	1	1
ケース 6	0	1	1	0	0	1	1	1	1	0	0	1	1	0	0
ケース 7	0	1	1	1	1	0	0	0	0	1	1	1	1	0	0
ケース 8	0	1	1	1	1	0	0	1	1	0	0	0	0	1	1
ケース 9	1	0	1	0	1	0	1	0	1	0	1	0	1	0	1
ケース10	1	0	1	0	1	0	1	1	0	1	0	1	0	1	0
ケース11	1	0	1	1	0	1	0	0	1	0	1	1	0	1	0
ケース12	1	0	1	1	0	1	0	1	0	1	0	0	1	0	1
ケース13	1	1	0	0	1	1	0	0	1	1	0	0	1	1	0
ケース14	1	1	0	0	1	1	0	1	0	0	1	1	0	0	1
ケース15	1	1	0	1	0	0	1	0	1	1	0	1	0	0	1
ケース16	1	1	0	1	0	0	1	1	0	0	1	0	1	1	0
表　示	A	B	A×B	C	A×C	B×C	A×B×C	D	A×D	B×D	A×B×D	C×D	A×C×D	B×C×D	A×B×C×D

　つぎは，2 進法で書かれた 5 桁の数字からスタートして 2^n 型直交表へと進む番ですが，もうやめましょう．すでにお気づきのように

2^2 型直交表　は　それぞれ 2 水準の 2 因子

2^3 型直交表　は　それぞれ 2 水準の 3 因子

2^4 型直交表　は　それぞれ 2 水準の 4 因子

のための配列表でした．そして 2^4 型直交表を使うと 4 つの因子ばか

りではなく，5つも6つも，いや，もっともっと多くの因子を割り当
てることができるのでした．ふつうの実験ではそんなに多くの因子を
同時に採り上げることはありませんから，このあたりで十分でしょう．
なお，一般的にいうと

P^q 型直交表　は　それぞれ p 水準の q 因子

のための配列表を意味しています．直交という言葉の意味がわかりに
くいかもしれませんが，いままでに行や列の効果を求めた多くの例で
見るように，1つのデータが行と列の両方の計算に使われていること
から，直感的に直交性を感じとっておいてください．

3^2 型 直 交 表

このところ，2^n 型の直交表にばかりかかわってきました．けれど
も，実験はいつも2水準だけで済むとは限りません．3水準，あるい
は4水準が欲しくなるときもあります．そこで，3^n 型の直交表もご
紹介しておこうと思います．

と書くと，こんどはきっと3進法*で書いた2桁の数字からスター
トして，列どうしに掛け算もどきを施して，3^2 型の直交表を作るの
だろうと予想された方も少なくないと思います．けれども，あいにく
なことに，こんどはそう簡単ではありません．3進法の2桁の数字は
表6.24 のとおりで，その第1列と第2列にA因子とB因子を割り付
けるところまでは前列と同じなのですが，3列め以降の作り方が掛け
算もどきではなく，とても厄介なのです．そこで，途中の手続きは省

---

*　3個ごとに上の桁に繰り上るような数字の表現法を **3進法** といいます．

表 6.24　3 進法による 2 桁の数字　　　　**表 6.25　これが 3^2 型直交表**

A 列	B 列
↓	↓
0	0
0	1
0	2
1	0
1	1
1	2
2	0
2	1
2	2

列番号 実験番号	1	2	3	4
ケース 1	0	0	0	0
ケース 2	0	1	1	1
ケース 3	0	2	2	2
ケース 4	1	0	1	2
ケース 5	1	1	2	0
ケース 6	1	2	0	1
ケース 7	2	0	2	1
ケース 8	2	1	0	2
ケース 9	2	2	1	0
表　　示	A	B	A×B	

略して結果だけを書くと，表 6.25 が 3^2 型の直交表です．

　この直交表では，第 1 列は A 因子，第 2 列は B 因子の水準を表わしているのですが，第 3 列と第 4 列はひと組みになって A と B の交互作用を表わしています．

　具体例を見ていただきましょうか．第 1 列には A 因子の水準を，第 2 列には B 因子の水準を割り付けて実験したところ，表 6.26 のようなデータを得たとしましょう．このデータから A 因子や B 因子の変動を求めていきます．

　まず，A 因子については，第 1 列の 0，1，2 の区分に従ってデータを集めて計算すればいいのですから，

$$S_A = 3\left(\frac{3+0+6}{3}-4\right)^2 + 3\left(\frac{0+6+3}{3}-4\right)^2 + 3\left(\frac{9+9+0}{3}-4\right)^2$$

$$= 3 \times (-1)^2 + 3 \times (-1)^2 + 3 \times 2^2 = 18 \tag{6.32}$$

表 6.26　こういうデータがあるとする

列番号 実験番号	1	2	3	4	実験データ
ケース 1	0	0	0	0	3
ケース 2	0	1	1	1	0
ケース 3	0	2	2	2	6
ケース 4	1	0	1	2	0
ケース 5	1	1	2	0	6
ケース 6	1	2	0	1	3
ケース 7	2	0	2	1	9
ケース 8	2	1	0	2	9
ケース 9	2	2	1	0	0

平均は4

となります. 同じように, B因子の変動は

$$S_B = 3\left(\frac{3+0+9}{3}-4\right)^2 + 3\left(\frac{0+6+9}{3}-4\right)^2 + 3\left(\frac{6+3+0}{3}-4\right)^2$$

$$= 3\times0^2 + 3\times1^2 + 3\times(-1)^2 = 6 \qquad (6.33)$$

というぐあいです.

つづいて, 両因子の交互作用による変動を求めます. 第3列と第4列をこみにして, 0, 1, 2の区分ごとにデータを集めながら同様な計算を行ないます. 前半の3個の(　)は第3列のぶん, 後半の3個の(　)が第4列のぶんです.

$$S_{A\times B} = 3\left(\frac{3+3+9}{3}-4\right)^2 + 3\left(\frac{0+0+0}{3}-4\right)^2$$

$$+ 3\left(\frac{6+6+9}{3}-4\right)^2 + 3\left(\frac{3+6+0}{3}-4\right)^2$$

表 6.27　書き直せば，こういうこと

A＼B	B_0	B_1	B_2
A_0	ケース1	ケース2	ケース3
A_1	ケース4	ケース5	ケース6
A_2	ケース7	ケース8	ケース9

A＼B	B_0	B_1	B_2
A_0	3	0	6
A_1	0	6	3
A_2	9	9	0

$$+3\left(\frac{0+3+9}{3}-4\right)^2+3\left(\frac{6+0+9}{3}-4\right)^2$$

$$=3\times1^2+3\times(-4)^2+3\times3^2$$

$$+3\times(-1)^2+3\times0^2+3\times1^2=84\ {}^* \tag{6.34}$$

　なんとなくわかりにくい方は，表 6.27 を見てください．A 因子の 3 水準と B 因子の 3 水準の組合せで行なわれる 9 ケースの実験とその実験データを，私たちが日ごろ見なれたスタイルに書き直してあります．そして，交互作用を求めるためのデータの集計は，図 6.1 のように行なわれていることを視認していただくと，理解の助けになると思います．

　この例では，A 因子や B 因子の効果より，両因子の交互作用の効

---

　*　念のために総変動を求めてみると，$S=108$ であり，163 ページのときと同じように，

　　　$S=S_A+S_B+S_{A\times B}$

が成り立っているのがわかります．すなわち，この $S_{A\times B}$ はその他の誤差と交絡した値です．

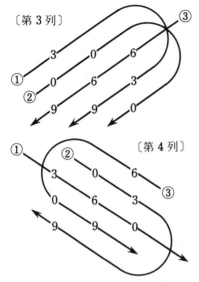

〔第3列〕

〔第4列〕

図6.1 交互作用を求めるために

果——正しくいえば，163ページの説明のように，残りの誤差と交絡している交互作用の効果——のほうがはるかに大きな値になっています．それは，計算に端数がつかず，目で追いやすいような配慮だけをして作った例題だからです．すでになんべんも書いてきたように，一般的にいえば交互作用の効果は因子の効果より小さいのがふつうです．そこで，第3列か第4列に新しいC因子を割り付けてやろうと思います．ちょうど，174ページの表6.19で2^2型直交表の第3列に新しい因子を割り付けたように……．

まず，第3列を使いましょう．第3列では，第1，6，8のところが0ですから，表6.27を見ながらケース1，6，8の位置にC_0を配置してください．つぎに，ケース2，4，9のところにC_1を書き，最後にケース3，5，7にC_2を配給すると，あっという間に表6.28の左のようなラテン方格ができ上りです．そして，第4列を使うと表6.28の右のようなラテン方格ができることも容易に確かめられるでしょう．*

これで，3^2型直交表の項は終りです．なるほど，便利なものだなあ，と思っていただけたでしょうか．

表 6.28　3^2 型直交表によるラテン方格

第3列によるラテン方格　　　　　　　　第4列によるラテン方格

A＼B	B_0	B_1	B_2
A_0	C_0	C_1	C_2
A_1	C_1	C_2	C_0
A_2	C_2	C_0	C_1

A＼B	B_0	B_1	B_2
A_0	C_0	C_1	C_2
A_1	C_2	C_0	C_1
A_2	C_1	C_2	C_0

線点図——点線図？

　順序からいうと，こんどは 3^3 型直交表のばんです．けれども，3^3＝27 ですから，3^3 型直交表は0と1と2が27行も並んで紙面を潰すし，話が複雑になる割には実用性が増さないので，このあたりで終わりにしようと思います．必要な方はもっと本格的な参考書＊＊を見ていただくと，3^3 型直交表の説明はもとより，因子によって水準数が異なるときの割り付け方など，ためになることがたくさん説明されています．

　その代りに，図 6.2 に示した**線点図**をご紹介してこの章を閉じることにしましょう．線点図は，直交表への因子や交互作用の割り付けが一目で理解できるようにくふうされたもので，線と点とで構成されているのでこの名があります．点線図と呼ぶ人もいますが，点線は点々

　＊　表 6.28 の右のようなラテン方格を使って実験した結果が表 6.27 下段のとおりであったとして，各変動を計算してみてください．答えは

$$S = S_A + S_B + S_C + S_E = 18 + 6 + 6 + 78 = 108$$

　　です．

　＊＊　たとえば，『品質管理のための実験計画法テキスト(改訂新版)』中里博明，他著，日科技連出版社，など……．

(1)   (2)

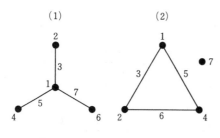

図6.2　これを線点図という

が連なった線を指すのがふ
つうですから，やはり線点
図と呼ぶほうがいいと私は
思っています．

　さて，図6.2は2^3型直
交表のための線点図です．
●は因子を，それらを結ぶ
直線はそれらの交互作用を

表わしているのですが，まず，（1）のほうを見てください．そして，
表6.29に再掲した2^3型直交表と比較してください．●1の因子と●
2の因子の交互作用は3の線上に現われると線点図が物語っています
が，直交表では第1列と第2列の交互作用が第3列に現われるのでし

表 6.29　2^3型直交表

列番号＼実験番号	1	2	3	4	5	6	7
ケース1	0	0	0	0	0	0	0
ケース2	0	0	0	1	1	1	1
ケース3	0	1	1	0	0	1	1
ケース4	0	1	1	1	1	0	0
ケース5	1	0	1	0	1	0	1
ケース6	1	0	1	1	0	1	0
ケース7	1	1	0	0	1	1	0
ケース8	1	1	0	1	0	0	1
表　示	A	B	A×B	C	A×C	B×C	A×B×C

た．同じように，線点図によると● 1 と● 4 の交互作用は 5 に現われるはずですが，直交表でも第 1 列と第 4 列の交互作用は第 5 列に現われます．さらに，1 と 6 の交互作用が 7 に現われることも，線点図と直交表に共通しています．

こういうわけですから，線点図（1）が教えてくれることは，2^3 型直交表を使って第 1，2，4，6 列に因子を割り付けると，それらの交互作用は第 3，5，7 列から読みとれる，ということです．したがって，2 と 4，4 と 6，6 と 2 の交互作用はどこにも現われません．つまり，（1）は，4 つの因子があって，そのうちの 1 つは他の 3 つと交互作用がありそうですが，'他の 3 つ' どうしには交互作用がなさそう，という場合に最適な因子の割り付け法を表わしています．では，（2）はどうでしょうか．これも，1 と 2 の交互作用は 3 に，2 と 4 の交互作用が 6 に，4 と 1 の交互作用が 5 に現われ，7 だけがやや異端者である点が，線点図と直交表に共通です．つまり（2）は，4 つの因子のうち 3 つどうしには交互作用があり，残りの 1 つは他の因子と交互作用がなさそう，という場合にぴったりの割り付け法を示しています．

実は，（1）と（2）が 2^3 型直交表への効果的な因子の割り付けを教える典型的な 2 つのタイプであり，直交表の 7 つの列をじょうずに使いこなす方法はこれ以外に見当らないのです．で，2^3 型直交表のためには，（1）と（2）の線点図が表示されることになります．同じ理屈で，2^4 型直交表のためには 6 タイプ，3^3 型直交表のためには 2 タイプなどの線点図が作られています．これらの線点図は多くの文献に載っていますから，ご利用いただければと思います．

7. 手順トラの巻

　この本は，一歩一歩，なっとくずくで前進することをモットーにしています．そのため，話の進展がカタツムリのようにのろく，しかも，ときどき枝葉のほうに寄り道をしたりするので，うっかりすると話の筋道を見失いかねませんでした．その結果，各ページごとに書かれたことは理解できるけれど，実験計画を立てたり，データを分析して結論を得るための手順が呑み込みにくいと，お叱りを受けそうです．

　そこで，最後の 20 ページを使って，実験計画と分散分析の手順をマニュアルふうに整理しておこうと思います．

　実験計画を立てる以前の問題として，何のために何を知りたいのかという実験の目的をじゅうぶんに練る必要があるとか，実験対象の特性に関する固有の知識を総動員して，実験に伴う偶然誤差以外の誤差，つまり系統誤差をできるだけ排除しなければならない，というような一般論は，すでに第 2 章でしつこく述べましたから，もう書きません．といいつつ，またも書いてしまった……．そのくらいたいせつなことなのです．

さて，ふつうの順序からいうと，まず実験計画の立て方を提示し，
つぎにデータを分散分析して結論に至る手順に移るのが常識的かもし

表7.1　記号の意味

A，B，C	因子の名称
A_0，A_1，A_2	A の水準
S	総変動
S_A，$\cdots$	A による因子変動など
S_{AB}，$\cdots$	A と B による総変動など
$S_{A \times B}$，$\cdots$	A と B の交互作用による変動など
$S_{A \times B \times C}$	A と B と C の交互作用による変動
S_E	誤差変動
V_1	因子または交互作用の効果の不偏分散
V_{1A}，$\cdots$	A の効果の不偏分散など
$V_{1A \times B}$，$\cdots$	A と B の交互作用の効果の不偏分散など
V_2	誤差の不偏分散
ϕ_1	S_A や $S_{A \times B}$ などに関する自由度
ϕ_{1A}，$\cdots$	S_A に関する自由度など
$\phi_{1A \times B}$，$\cdots$	$S_{A \times B}$ に関する自由度など
F	一般に，F の値
F_A，$\cdots$	A 因子の効果に関する F など
$F_{A \times B}$，$\cdots$	A と B の交互作用の効果に関する F など
$F_{0.05}(\phi_1, \phi_2)$	自由度が ϕ_1，ϕ_2 で上側確率5％の F
$F_{0.01}(\phi_1, \phi_2)$	自由度が ϕ_1，ϕ_2 で上側確率1％の F
k	A の水準数
l	B の水準数
m	C の水準数
r	実験の繰返し数

れませんが，この章では，あえて順序を逆にします．データをどう分析するかを知ったうえで計画を立てるほうが，いい計画ができるからです．

では，始めます．なお，記号の意味は表7.1のとおりです．

実験データの分散分析

1因子で実験の繰返しなし

実験データは，たとえば表7.2のように与えられるでしょう．この

表7.2 これ以外は，なにもわからない

B因子の水準	B_0	B_1	B_2
実験データ	8	10	12

データからは誤差が分離できず，したがって，分散分析はできません．個々のデータがたくさんの実験値から作られた平均値であっても，同じことです．もっとも，分散分析ばかりが実験データの処理法ではありませんが……．*

1因子で実験の繰返しあり

実験データは，たとえば表7.3の上段のように与えられるでしょう．まず，全部のデータを平均して

全平均＝9　　　　　　　　　　　　　　　　　　　　(7.1)

＊　表7.2のようなデータについては，相関や回帰を調べてみるのがふつうです．相関と回帰については，拙著『統計解析のはなし【改訂版】』をご覧ください．

を求めておきます. つぎに, B_0, B_1, B_2 の各列ごとにデータを合計し, データの数で割って平均を求め, その値から全平均を差し引くと, 各水準ごとの効果が求まります. つづいて,

表7.3　因子の効果と誤差に分離できる

B因子の水準 ＼ 繰返し	B_0	B_1	B_2
1	8	10	12
2	4	8	12
B_iの合計	12	18	24
B_iの平均	6	9	12
B_iの効果	−3	0	3

（データ − B_i の平均）

	B_0	B_1	B_2
誤差	2	1	0
	−2	−1	0

　　　データの値−B_iの平均, または

　　　データの値−全平均−B_iの効果

によって, 誤差を分離してください. そうして, B_i の効果(−3, 0, 3)から, 繰返し数が2であることに注意して因子変動 S_B

$$S_B = 2 \times (-3)^2 + 2 \times 0^2 + 2 \times 3^2 = 36 \tag{7.2}$$

と, 誤差から誤差変動 S_E

$$S_E = 2^2 + 1^2 + 0^2 + (-2)^2 + (-1)^2 + 0^2 = 10 \tag{7.3}$$

を算出します. ついでに, データから全平均を差し引いた値を表7.4のように作り, 総変動 S

表7.4　S を求めるために

全平均を引く	−1	1	3
	−5	−1	3

$$S = (-1)^2 + 1^2 + 3^2 + (-5)^2 + (-1)^2 + 3^2 = 46 \tag{7.4}$$

を求めて

$$S = S_B + S_E \tag{7.5}$$

を確認しておけば最高です.

つぎは,自由度です.因子変動に関する自由度 ϕ_1 は

$$\phi_1 = l - 1 \qquad \text{いまの例では} \quad 3 - 1 = 2 \tag{7.6}$$

で,誤差変動に関する自由度 ϕ_2 は

$$\phi_2 = l(r-1) \qquad \text{いまの例では} \quad 3(2-1) = 3 \tag{7.7}$$

です.つづいて,因子の効果と誤差の不偏分散を計算します.

$$V_1 = S_B/\phi_1 \qquad \text{いまの例では} \quad 36/2 = 18 \tag{7.8}$$

$$V_2 = S_E/\phi_2 \qquad \text{いまの例では} \quad 10/3 = 3.\dot{3} \tag{7.9}$$

そして,B因子の効果の有意性を判定するための F_B を計算していただきましょう.

$$F_B = V_1/V_2 \qquad \text{いまの例では} \quad 18/3.\dot{3} = 5.4 \tag{7.10}$$

ここまでできたら,F 分布の数表から,$F_{0.05}(\phi_1, \phi_2)$ と $F_{0.01}(\phi_1, \phi_2)$ を引いてください.いまの例では

$$F_{0.05}(2, 3) = 9.55 \qquad F_{0.01}(2, 3) = 30.8$$

です.そして

　　　$F_B \geqq F_{0.05}$　　なら　　Bの変化は効き目あり

　　　$F_B \geqq F_{0.01}$　　なら　　Bの変化はじゅうぶん効き目あり

と判定しましょう.いまの例では,「Bの変化に効き目があるとは言えない」となります.*

なお,データの一部が欠けている場合については,88ページあたりをご参照ください.

＊　「効き目あり」が数学的でないとお思いの方は「有意差あり」と読み替えてください.

2因子で実験の繰返しなし

実験データは，たとえば表7.5の上段のように与えられるでしょう．このデータは，1因子で実験の繰返しがある場合の表7.3の上段と同じです．けれども，こんどはA因子の効果とB因子の効果と誤差とが混ざり合ったデータと考えなければなりません．

表7.5　因子ごとの効果と誤差に分離できる

A因子 ＼ B因子	B_0	B_1	B_2	A_iの合計	A_iの平均	A_iの効果
A_0	8	10	12	30	10	1
A_1	4	8	12	24	8	−1
B_iの合計	12	18	24			
B_iの平均	6	9	12			
B_iの効果	−3	0	3			

データ − 全平均 − A_i の効果 − B_i の効果

誤差	1	0	−1
	−1	0	1

まず，全部のデータを平均して

$$全平均 = 9 \tag{7.11}$$

を求めておきます．つぎに，行の方向に3つずつのデータを加え合わせ，3で割って平均を求め，全平均9を差し引いてA_iの効果を算出すると，表7.5の右上のように1と−1とを得ます．そうすると，A因子の因子変動S_Aは，各行にデータが3つずつあることに注意して計算すれば

$$S_A = 3 \times 1^2 + 3 \times (-1)^2 = 6 \qquad (7.12)$$

となります．いっぽう，B因子の因子変動 S_B は，列の方向に算出した B_i の効果$(-3,\ 0,\ 3)$から，データが2つずつあることに注意して

$$S_B = 2 \times (-3)^2 + 2 \times 0^2 + 2 \times 3^2 = 36 \qquad (7.13)$$

が得られます．

つづいて，12個のデータについて

データの値－全平均－A_i の効果－B_i の効果

を計算して，表7.5の下段にあるように誤差を分離してください．そして，誤差変動 S_E を

$$S_E = 1^2 + 0^2 + (-1)^2 + (-1)^2 + 0^2 + 1^2 = 4 \qquad (7.14)$$

を求めてください．これで総変動を S_A と S_B と S_E とに分解できたのですが，念のために

$$S = S_A + S_B + S_E$$
$$= 6 + 36 + 4 = 46 * \qquad (7.15)$$

を確認していただきましょう．

さて，自由度は

S_A に関する自由度 　　$\phi_{1A} = k - 1$

　　　　いまの例では 　　　$2 - 1 = 1$ 　　　　(7.16)

S_B に関する自由度 　　$\phi_{1B} = l - 1$

　　　　いまの例では 　　　$3 - 1 = 2$ 　　　　(7.17)

S_E に関する自由度 　　$\phi_2 = (k-1)(l-1)$

　　　　いまの例では 　　　$(2-1)(3-1) = 2$ 　　(7.18)

ですから，それぞれの不偏分散 V_{1A}, V_{1B}, V_2 は

---

* S の計算は，表7.4と式(7.4)とまったく同じなので，ここでは省略しました．

$$V_{1A} = S_A/\phi_{1A} \qquad \text{いまの例では} \quad 6/1 = 6 \tag{7.19}$$

$$V_{1B} = S_B/\phi_{1B} \qquad \text{いまの例では} \quad 36/2 = 18 \tag{7.20}$$

$$V_2 = S_E/\phi_2 \qquad \text{いまの例では} \quad 4/2 = 2 \tag{7.21}$$

となり，因子の効果の有意性を判定するための F は

$$F_A = V_{1A}/V_2 \qquad \text{いまの例では} \quad 6/2 = 3 \tag{7.22}$$

$$F_B = V_{1B}/V_2 \qquad \text{いまの例では} \quad 18/2 = 9 \tag{7.23}$$

というぐあいです．いっぽう，F 分布表を見ると

$$F_{0.05}(1, 2) = 18.5 \qquad F_{0.01}(1, 2) = 98.5$$

$$F_{0.05}(2, 2) = 19.0 \qquad F_{0.01}(2, 2) = 99.0$$

ですから，有意差の判定は否定的です．

2因子で実験の繰返しあり

実験データは，たとえば表7.6のように与えられるでしょう．まず，12個のデータを平均して

表 7.6　まず，各因子の効果を分離する

回数	B＼A	B_0	B_1	B_2		A_i の合計	A_i の平均	A_i の効果
1 回目	A_0	8	10	12	$[A_0]$	54	9	1
	A_1	4	8	12	$[A_1]$	42	7	−1
2 回目	A_0	6	6	12				
	A_1	2	4	12				
B_i の合計		20	28	48				
B_i の平均		5	7	12				
B_i の効果		−3	−1	4				

$$全平均 = 8 \tag{7.24}$$

を求めておきましょう．つづいて，A_i の効果を計算してください．
こんどは，A_0 にも A_1 にも 6 つずつのデータがあることをお忘れなく．
A_i の効果は表 7.6 の右端のように $(1, -1)$ ですから，A の因子変動
S_A は

$$S_A = 6 \times 1^2 + 6 \times (-1)^2 = 12 \tag{7.25}$$

です．同じように，B の因子変動 S_B は

$$S_B = 4 \times (-3)^2 + 4 \times (-1)^2 + 4 \times 4^2 = 104 \tag{7.26}$$

であることも，すぐわかります．

　つぎに，1 回目のデータと 2 回目のデータを平均してみると表 7.7
の上段が得られます．さらにそれらから全平均 8 を差し引くと下段が
できます．したがって，1 回目と 2 回目の相違を無視した A と B と
による総変動 S_{AB} は，実験の繰返し数が 2 であることに注意して

$$S_{AB} = 2 \times (-1)^2 + 2 \times 0^2 + 2 \times 4^2 + 2 \times (-5)^2 + 2 \times (-2)^2$$
$$+ 2 \times 4^2$$
$$= 2\{(-1)^2 + 0^2 + 4^2 + (-5)^2 + (-2)^2 + 4^2\} = 124 \tag{7.27}$$

表 7.7　S_{AB} を求めるために

1 回目と 2 回目の平均をとる	B＼A	B_0	B_1	B_2
	A_0	7	8	12
	A_1	3	6	12

↓

全平均を引く	A_0	−1	0	4
	A_1	−5	−2	4

そうすると，AとBの交互作用による変動 $S_{A \times B}$ は

$$S_{A \times B} = S_{AB} - S_A - S_B$$

$$= 124 - 12 - 104 = 8 \tag{7.28}$$

です．

いっぽう，私たちのデータの総変動はというと，データの値から全平均8を引いた値は表7.8のとおりですから，これらを2乗して合計すると

$$S = 0^2 + 2^2 + 4^2 + \cdots (中略) \cdots + (-4)^2 + 4^2 = 144 \tag{7.29}$$

となります．

表 7.8　S を求めるために

	回数	A＼B	B_0	B_1	B_2
全平均を引く	1 回目	A_0	0	2	4
		A_1	-4	0	4
	2 回目	A_0	-2	-2	4
		A_1	-6	-4	4

ここで

$$S = S_A + S_B + S_{A \times B} + S_E \tag{7.30}$$

でなければなりませんから

$$S_E = 144 - 12 - 104 - 8 = 20 \tag{7.31}$$

が求まります．

自由度は，つぎのとおりです．

S_A に関する自由度　　$\phi_{1A} = k - 1$

いまの例では　　　　$2 - 1 = 1 \tag{7.32}$

$$S_B \quad \text{に関する自由度} \quad \phi_{1B} = l - 1$$
$$\text{いまの例では} \quad 3 - 1 = 2 \tag{7.33}$$

$$S_{A \times B} \text{に関する自由度} \quad \phi_{1A \times B} = (k-1)(l-1)$$
$$\text{いまの例では} \quad (2-1)(3-1) = 2 \tag{7.34}$$

$$S_E \quad \text{に関する自由度} \quad \phi_2 = kl(r-1)$$
$$\text{いまの例では} \quad 2 \times 3 \times (2-1) = 6 \tag{7.35}$$

このあとは

$$V_{1A} = S_A / \phi_{1A} \qquad \text{いまの例では} \quad 12/1 = 12 \tag{7.36}$$

$$V_{1B} = S_B / \phi_{1B} \qquad \text{いまの例では} \quad 104/2 = 52 \tag{7.37}$$

$$V_{1A \times B} = S_{A \times B} / \phi_{1A \times B} \qquad \text{いまの例では} \quad 8/2 = 4 \tag{7.38}$$

$$V_2 = S_E / \phi_2 \qquad \text{いまの例では} \quad 20/6 = 3.\dot{3} \tag{7.39}$$

したがって

$$F_A = V_{1A} / V_2 \qquad \text{いまの例では} \quad 12/3.\dot{3} = 3.6 \tag{7.40}$$

$$F_B = V_{1B} / V_2 \qquad \text{いまの例では} \quad 52/3.\dot{3} = 15.6 \tag{7.41}$$

$$F_{A \times B} = V_{1A \times B} / V_2 \qquad \text{いまの例では} \quad 4/3.\dot{3} = 1.2 \tag{7.42}$$

これに対して，数表から求めた F は

$$F_{0.05}(1, \ 6) = 5.99 \qquad F_{0.01}(1, \ 6) = 13.7$$
$$F_{0.05}(2, \ 6) = 5.14 \qquad F_{0.01}(2, \ 6) = 10.9$$

ですから，私たちのデータからは

A 因子には有意差なし

B 因子には強い有意差あり

A と B の交互作用には有意差なし

との結論が導かれます.

3因子で実験の繰返しなし

実験データは，たとえば表7.9のように与えられるでしょう.

表7.9　まず，各因子の効果を分離する

C	B／A	B_0	B_1	B_2		A_iの合計	A_iの平均	A_iの効果
C_0	A_0	8	10	12	$[A_0]$	54	9	+1
	A_1	4	8	12	$[A_1]$	42	7	−1
C_1	A_0	6	6	12		C_iの合計	C_iの平均	C_iの効果
	A_1	2	4	12				
	B_iの合計	20	28	48	$[C_0]$	54	9	+1
	B_iの平均	5	7	12	$[C_1]$	42	7	−1
	B_iの効果	−3	−1	4				

データの値は2因子で実験の繰返しがある場合の表7.6と同じですが，今回は同じ実験を繰り返すのではなく，3番目の因子Cを変化させて実験をしています．したがって，データはA, B, Cの3因子と，それらの交互作用と，そのうえに誤差までが加わった値であることに注意しなければなりません.

まず，全データの平均

$$全平均 = 8 \tag{7.43}$$

を求めておいてから分散分析の作業を始めます．A_iの効果やB_iの効果を求める手順，および，S_AとS_Bの計算は表7.6や式(7.25)，式(7.26)と同じですから，説明を省いて結論だけを書きます.

$$S_A = 12 \qquad\qquad\qquad (7.44)$$

$$S_B = 104 \qquad\qquad\qquad (7.45)$$

C_i の効果を知るには，C_0 のところにある6つのデータと，C_1 のところにある6つのデータとを別個に合計し，6で割って平均を求め，全平均8を差し引けばいいのですから，簡単です．

$$S_C = 6\{1^2 + (-1)^2\} = 12 \qquad\qquad (7.46)$$

となりますが，S_A と等しいのは偶然の一致にすぎません．

つづいて交互作用を求めていきます．まず，$S_{A \times B}$ を求めるために C_0 のときのデータと C_1 のときのデータを平均します．それが表7.10 の上段です．そこから全平均8を引くと下段ができます．

表7.10 S_{AB} **を求めるために**

C_0とC_1の 平均をとる	B＼A	B_0	B_1	B_2
	A_0	7	8	12
	A_1	3	6	12
↓				
全平均を引く	A_0	-1	0	4
	A_1	-5	-2	4

したがって，C因子の作用を無視してA因子とB因子が生み出す総変動 S_{AB} を計算すると

$$S_{AB} = 2\{(-1)^2 + 0^2 + 4^2 + (-5)^2 + (-2)^2 + 4^2\} = 124 \quad (7.47)$$

となります．そうすると

$$S_{A \times B} = S_{AB} - S_A - S_B$$

$$= 124 - 12 - 104 = 8 \qquad\qquad (7.48)$$

が求まります．

表 7.11 S_{AC} を求めるために

	A	A_0	A_1
B_0 と B_1 と B_2 との 平均をとる	C		
	C_0	10	8
	C_1	8	6

⬇

		A_0	A_1
全平均を引く	C_0	2	0
	C_1	0	-2

同じように，B_0 のデータと B_1 のデータと B_2 のデータを平均し，そこから全平均を差し引くと表7.11 の下段を得ますから，これらの値がそれぞれ3つのデータを代表していることに留意して

$$S_{AC} = 3 \{2^2 + 0^2 + 0^2 + (-2)^2\} = 24 \tag{7.49}$$

を求めると，

$$S_{A \times C} = S_{AC} - S_A - S_C$$
$$= 24 - 12 - 12 = 0 \tag{7.50}$$

を得ます．$S_{B \times C}$ を計算するためには，同様な手順で表7.12 を作り

$$S_{BC} = 2\{(-2)^2 + 1^2 + 4^2 + (-4)^2 + (-3)^2 + 4^2\} = 124 \tag{7.51}$$

表 7.12 S_{BC} を求めるために

	B	B_0	B_1	B_2
A_0 と A_1 の 平均をとる	C			
	C_0	6	9	12
	C_1	4	5	12

⬇

		B_0	B_1	B_2
全平均を引く	C_0	-2	1	4
	C_1	-4	-3	4

から

$$S_{B \times C} = S_{BC} - S_B - S_C$$

$$= 124 - 104 - 12 = 8 \qquad (7.52)$$

とやればいいはずです.

　最後に，12個のデータからそれぞれ全平均を差し引いた表7.13の値を2乗して合計し

表 7.13　S を求めるために

全平均を引く	0	2	4
	-4	0	4
	-2	-2	4
	-6	-4	4

$$S = 0^2 + 2^2 + \cdots (\text{中略}) \cdots + (-4)^2 + 4^2 = 144 \qquad (7.53)$$

を算出し

$$S_E = S - S_A - S_B - S_C - S_{A \times B} - S_{A \times C} - S_{B \times C}$$

$$= 144 - 12 - 104 - 12 - 8 - 0 - 8 = 0 \qquad (7.54)$$

を求めると，すべて完了です. このあとは,

S_A 　に関する自由度　$\phi_{1A} = k - 1$ $\qquad (7.55)$

S_B 　に関する自由度　$\phi_{1B} = l - 1$ $\qquad (7.56)$

S_C 　に関する自由度　$\phi_{1C} = m - 1$ $\qquad (7.57)$

$S_{A \times B}$ に関する自由度　$\phi_{1A \times B} = (k-1)(l-1)$ $\qquad (7.58)$

$S_{A \times C}$ に関する自由度　$\phi_{1A \times C} = (k-1)(m-1)$ $\qquad (7.59)$

$S_{B \times C}$ に関する自由度　$\phi_{1B \times C} = (l-1)(m-1)$ $\qquad (7.60)$

S_E 　に関する自由度　$\phi_2 = (k-1)(m-1)(l-1)$

$$(7.61)$$

に注意しながら V や F を求め，数表からひいた F の値と比較していただくのですが，その手順は前節までと同じですから省略します．

だいいち，私たちの例題では，データを整えすぎたために $S_E = 0$ となってしまいました．因子やそれらの交互作用の有意差は「誤差」と比較して判定されるのですから，誤差がゼロなら，もうれつに有意差があると判定されるに決まっています．

なお，**3因子で実験の繰返しあり**については本文中でも省略してきましたが，いままでの手順の応用ですから，さしてむずかしくありません．その場合

$S_{A \times B \times C}$ に関する自由度　　　$\phi_{1A \times B \times C} = (k-1)(l-1)(m-1)$

$$(7.62)$$

S_E に関する自由度　　　$\phi_2 = klm(r-1)$ 　　　(7.63)

であることを付記しておきましょう．

これで分散分析の手順のまとめは終りです．この手順に従ってことを運ぶと，計算の途中でも何のために何を求めようとしているかを理解しやすいので，とてつもない間違いをしでかすことがなく，私の好みです．けれども，一般の参考書にはこれと異なる手順が紹介されていることが少なくありません．分散分析の筋道を追うより，計算をなるべく簡略化して機械的にことを運ぼうというわけです．そこで，この本の手順と，一般の参考書に頻出する手順との関係を 213 ページの付録 2 に載せておきます．

実験計画の立て方

ランダム化と層別

　因子の数がいくつであろうと，実験の繰返しがあろうとなかろうと，実験の各ケースに供試品をランダムに割り付けることによって，どこに潜んでいるかもしれない系統誤差を偶然誤差に変換してしまうことは，実験計画のキーポイントです．表7.2，表7.3，表7.5，表7.6，表7.9のいずれの場合でも，あるいは，表7.16やその他の場合もです．

　ただし，例外があります．供試品にムラがあるためにあらかじめ層別をして実験を行なう場合には，層別されたグループ内においてだけ供試品の割り付けをランダム化しなければなりません．同じように，供試品や試験環境にムラがあるためにあらかじめブロックに分けて乱塊法を適用する場合にも，ブロック内においてだけ供試品をランダムに割り付ける必要があります．

　層別による実験と乱塊法の差がわかりにくい方のために補足しましょう．層別実験は，層ごとに差があることが予測されている場合に行なわれ，層による有意差の有無を検定するつもりはありませんから，水準の決め方が層によって異なっても差し支えありません．これに対して，乱塊法では全ブロックに等しい水準を与えて実験をします．したがって，望みとあればブロックの差の有意性を検定することができます．いうなれば，ブロックの区別を1つの因子とみなしていること

になります.

因子数と実験の繰返し

　因子の数と実験の繰返しの有無に対応して有意性が判定できる項目を整理すると，表7.14のようになります．この場合，因子ごとの水準が等しい必要はありません．

表7.14　なにが判定できるか

因子の数	実験の繰返し	有意性を判定できる項目
1	な　し	——
	あ　り	S_A
2	な　し	S_A S_B
	あ　り	S_A S_B $S_{A\times B}$
3	な　し	S_A S_B S_C $S_{A\times B}$ $S_{A\times C}$ $S_{B\times C}$
	あ　り	S_A S_B S_C $S_{A\times B}$ $S_{A\times C}$ $S_{B\times C}$ $S_{A\times B\times C}$

　この表は実験計画のトラの巻です．S_A はA因子による因子変動，$S_{A\times B}$ はA因子とB因子の交互作用による変動のことですが，これらがわかるくらいなら，A因子の効果もAとBの交互作用もわかっているはずです．したがって，S_A はA因子の効果，$S_{A\times B}$ はA因子とB因子の交互作用というように解釈してください．そうすると表7.14から，2つの因子の効果とそれらの交互作用を知りたければ「2因子で実験の繰返しあり」として，表7.6のようにデータを集めなければならないし，3つの因子の効果と2因子ずつの交互作用を知りたいときには「3因子で実験の繰返しなし」を採り，表7.9のようにデータ

を集めればいい，などなどが読みとれます．

なお，実験を繰り返す場合，ふつうは繰返し回数を大きくする必要はありません，2〜3回でじゅうぶんです．

実験数を節約したければ

2つ以上の因子が作り出す交互作用のどれかが小さいと考えるときには，それを無視する代りに新しい因子を追加することができます．すなわち，実験回数をふやすことなく因子を追加できるのですから，逆にいえば，実験回数を節約したことになる理屈です．

因子をどのように追加できるかは，直交表または線点図から読みとれます．ただし，この場合には各因子の水準がすべて等しくなければなりません．*

一例を挙げましょう．それぞれ2水準ずつの4因子について実験を計画します．まともにすべての組合せで実験をすると $2^4 = 16$ ですから，16ケースの実験が必要になりますが，2^3 型直交表を利用して8ケースの実験ですますことにしましょうか．

2^3 型直交表は表7.15の上半分のとおりでした．その第1列にはA因子，第2列にはB因子，第4列にはC因子を0と1とに忠実に従いながら割り付けるほかに，第7列にはD因子を割り付けましょう．第7列にはA，B，Cの3因子が三つ巴になった交互作用が現われますが，一般に三つ巴の交互作用は無視できるほど小さいのがふつうです．こうして表7.15の下半分かでき上がります．これが，2^3 型直交

---

　　* 各因子の水準が等しくない場合でも直交表を活用することができますが，かなり面倒です．187ページのなかごろあたりを，どうぞ．

表 7.15　2^3 型直交表に 4 因子を割り付ける

列番号 実験番号	1	2	3	4	5	6	7
ケース 1	*0*	*0*	*0*	*0*	*0*	*0*	*0*
ケース 2	*0*	*0*	*0*	*1*	*1*	*1*	*1*
ケース 3	*0*	*1*	*1*	*0*	*0*	*1*	*1*
ケース 4	*0*	*1*	*1*	*1*	*1*	*0*	*0*
ケース 5	*1*	*0*	*1*	*0*	*1*	*0*	*1*
ケース 6	*1*	*0*	*1*	*1*	*0*	*1*	*0*
ケース 7	*1*	*1*	*0*	*0*	*1*	*1*	*0*
ケース 8	*1*	*1*	*0*	*1*	*0*	*0*	*1*
表　　示	A	B	A B	C	A C	B C	A B C

因子 実験番号	A	B	C	D
ケース 1	A_0	B_0	C_0	D_0
ケース 2	A_0	B_0	C_1	D_1
ケース 3	A_0	B_1	C_0	D_1
ケース 4	A_0	B_1	C_1	D_0
ケース 5	A_1	B_0	C_0	D_1
ケース 6	A_1	B_0	C_1	D_0
ケース 7	A_1	B_1	C_0	D_0
ケース 8	A_1	B_1	C_1	D_1

表を利用した 4 因子の実験計画の一例です.

　この実験計画は，線点図でいうと図 6.2 の（2）に相当します. したがって，実験結果から A と B，A と C，B と C の交互作用は見つかりますが，D と他の因子の交互作用を見つけることはできません.

それを覚悟のうえの実験計画なのです.

少しくどいかもしれませんが, この計画にもとづいて実験した結果から, 直交表に従って因子の効果や交互作用の効果を求める手順も整理しておきましょう. 実験データは表7.16に記入したとおりであったと思ってください. たとえば B 因子の効果を求めるなら, B_0 で行なわれた実験のデータは(8, 7, 4, 3)であり, B_1 で行なわれた実験のデータは(6, 5, 2, 1)であることに注目すれば, データの全平均は4.5ですから

表7.16　たとえば, A と C の交互作用を求めてみる

実験番号	因子水準の組合せ				実験データ	直交表第5列
ケース1	A_0	B_0	C_0	D_0	8	0
ケース2	A_0	B_0	C_1	D_1	7	1
ケース3	A_0	B_1	C_0	D_1	6	0
ケース4	A_0	B_1	C_1	D_0	5	1
ケース5	A_1	B_0	C_0	D_1	4	1
ケース6	A_1	B_0	C_1	D_0	3	0
ケース7	A_1	B_1	C_0	D_0	2	1
ケース8	A_1	B_1	C_1	D_1	1	0

B_0 の和　　$8+7+4+3=22$

　その平均　5.5

　B_0 の効果＝平均－全平均＝1

B_1 の和　　$6+5+2+1=14$

　その平均　3.5

　B_1 の効果＝平均－全平均＝-1

したがって　　$S_B = 4 \{1^2 + (-1)^2\} = 8$

となります．A 因子や C 因子の効果も同じようにして求めてみてください．

　もうひとつ，A 因子と C 因子の交互作用を調べてみましょう．A と C の交互作用は 2^3 型直交表の第 5 列に現われるのでしたから，それを表 7.16 の右側に併記してあります．*0* の位置のデータは $(8, 6, 3, 1)$，*1* の位置のデータは $(7, 5, 4, 2)$ ですから

$$S_{A \times C} = 4 \left\{ \left(\frac{8+6+3+1}{4} - 4.5 \right)^2 + \left(\frac{7+5+4+2}{4} - 4.5 \right)^2 \right\} = 0$$

というぐあいです．他の交互作用も調べてみてください．

付　　録

付録1　43ページの式(2.3)を補足する

13ページの脚注にも書いたように，$N(\mu_1, \sigma_1^2)$ と $N(\mu_2, \sigma_2^2)$ から1つずつ取り出された値の和または差は

$$N(\mu_1 \pm \mu_2, \sigma_1^2 + \sigma_2^2)$$

の正規分布をします．したがって，$N(\mu, \sigma^2)$ から取り出された2つの値，x_1 と x_2 の和，すなわち，$x_1 + x_2$ は

$$N(\mu + \mu, \sigma^2 + \sigma^2) = N(2\mu, 2\sigma^2)$$

の分布をします．そうすると，$N(\mu, \sigma^2)$ から取り出された3つの和 $x_1 + x_2 + x_3$ は

$$x_1 + x_2 + x_3 = (x_1 + x_2) + x_3$$

ですから

$$N(2\mu + \mu, 2\sigma^2 + \sigma^2) = N(3\mu, 3\sigma^2)$$

の分布をする理屈です．この正規分布の平均値は 3μ，標準偏差は $\sqrt{3}\sigma$ です．そして，x_1, x_2, x_3 の平均値はこれを3で割ればいいのですから

$$\text{平均値} = \mu, \quad \text{標準偏差} = \frac{\sqrt{3}\sigma}{3} = \frac{\sigma}{\sqrt{3}}$$

となるはずです．

こういうわけですから，$N(\mu, \sigma^2)$ から偶然に取り出された値を (ε) と書くならば，$N(3\mu, 3\sigma^2)$ から偶然に取り出された値は $(\varepsilon)/\sqrt{3}$ とみなすのが公平なところ，といえるでしょう．

付録 2　分散分析の計算手順

数式の運算は省略しますが，つぎの等式が成立します．式の中で，X はデータの値，T は和を表わします．

$$S = \sum_i \sum_j \sum_k (X_{ijk} - \overline{\overline{X}}\cdots)^2 = \sum_i \sum_j \sum_k X_{ijk}^2 - CF$$

$$\text{ここで}\quad CF = \frac{\left(\sum_i \sum_j \sum_k X_{ijk}\right)^2}{N} = \frac{T^2}{N} \quad \text{ただし，} N \text{ はデータの数}$$

（以下，$\sum$ の下の i, j, k は略します）

$$S_A = \sum\sum\sum (\overline{X}_{i\cdot\cdot} - \overline{\overline{X}}\cdots)^2 = \sum \frac{T_{i\cdot\cdot}^2}{lm} - CF$$

$$S_B = \sum\sum\sum (\overline{X}_{\cdot j\cdot} - \overline{\overline{X}}\cdots)^2 = \sum \frac{T_{\cdot j\cdot}^2}{km} - CF$$

$$S_C = \sum\sum\sum (\overline{X}_{\cdot\cdot k} - \overline{\overline{X}}\cdots)^2 = \sum \frac{T_{\cdot\cdot k}^2}{kl} - CF$$

$$S_{AB} = \sum\sum\sum (\overline{X}_{ij\cdot} - \overline{\overline{X}}\cdots)^2 = \sum\sum \frac{T_{ij\cdot}^2}{m} - CF$$

$$S_{AC} = \sum\sum\sum (\overline{X}_{i\cdot k} - \overline{\overline{X}}\cdots)^2 = \sum\sum \frac{T_{i\cdot k}^2}{l} - CF$$

$$S_{BC} = \sum\sum\sum (\overline{X}_{\cdot j k} - \overline{\overline{X}}\cdots)^2 = \sum\sum \frac{T_{\cdot j k}^2}{k} - CF$$

これらの等式で，左の＝で結ばれた等式が各変動の意味を定義づけていて，本文中ではすべてこの等式によって計算をしてきました．これに対して右端の式は，計算手順を与えるための式です．

一例として 201 ページの表 7.9 に示されたデータから，右端の式によって各種の分散を求めてみましょう．そのためには，表 1 から表 5

表 1 $T_{i..}$ etc.

C	B / A	B_0	B_1	B_2	$T_{..k}$
C_0	A_0	8	10	12	54
	A_1	4	8	12	
C_1	A_0	6	6	12	42
	A_1	2	4	12	
$T_{.j.}$		20	28	48	$T=96$

	$T_{i..}$
A_0	54
A_1	42

表 2 X_{ijk}

C	B / A	B_0	B_1	B_2	$\sum\sum\sum X_{ijk}$
C_0	A_0	64	100	144	
	A_1	16	64	144	912
C_1	A_0	36	36	144	
	A_1	4	16	144	

表 3 $T_{ij.}$

$m=2$	B_0	B_1	B_2
A_0	14	16	24
A_1	6	12	24

➡

	B_0	B_1	B_2	$\sum\sum T_{ij.}^2$
A_0	196	256	576	1784
A_1	36	144	576	

表 4 $T_{i.k}$

$l=3$	A_0	A_1
C_0	30	24
C_1	24	18

➡

	A_0	A_1	$\sum\sum T_{i.k}^2$
C_0	900	576	2376
C_1	576	324	

表 5　$T_{\cdot jk}$

$k=2$	B_0	B_1	B_2			B_0	B_1	B_2	$\sum\sum T_{\cdot jk}^2$
C_0	12	18	24	→	C_0	144	324	576	1784
C_1	8	10	24		C_1	64	100	576	

までの補助表を作ります．そして，補助表の値を上記の式に代入して
みてください．

$$CF = \frac{96^2}{12} = 768$$

$$S = 912 - 768 = 144$$

$$S_A = \frac{54^2 + 42^2}{3 \times 2} - 768 = 12$$

$$S_B = \frac{20^2 + 28^2 + 48^2}{2 \times 2} - 768 = 104$$

$$S_C = \frac{54^2 + 42^2}{2 \times 3} - 768 = 12$$

$$S_{AB} = \frac{1784}{2} - 768 = 124$$

$$S_{AC} = \frac{2376}{3} - 768 = 24$$

$$S_{BC} = \frac{1784}{2} - 768 = 124$$

となり，補助表を作るのがちと面倒ですが，あとの計算は機械的でま
ことに簡単です．

付表　F分布表（上側確率0.05）

ϕ_2 \ ϕ_1	1	2	3	4	5	6	7	8	9	10	12	15	20	30	40	60
1	161.	200.	216.	225.	230.	234.	237.	239.	241.	242.	244.	246.	248.	250.	251.	252.
2	18.5	19.0	19.2	19.2	19.3	19.3	19.4	19.4	19.4	19.4	19.4	19.4	19.4	19.5	19.5	19.5
3	10.1	9.55	9.28	9.12	9.01	8.94	8.89	8.85	8.81	8.79	8.74	8.70	8.66	8.62	8.59	8.57
4	7.71	6.94	6.59	6.39	6.26	6.16	6.09	6.04	6.00	5.96	5.91	5.86	5.80	5.75	5.72	5.69
5	6.61	5.79	5.41	5.19	5.05	4.95	4.88	4.82	4.77	4.74	4.68	4.62	4.56	4.50	4.46	4.43
6	5.99	5.14	4.76	4.53	4.39	4.28	4.21	4.15	4.10	4.06	4.00	3.94	3.87	3.81	3.77	3.74
7	5.59	4.74	4.35	4.12	3.97	3.87	3.79	3.73	3.68	3.64	3.57	3.51	3.44	3.38	3.34	3.30
8	5.32	4.46	4.07	3.84	3.69	3.58	3.50	3.44	3.39	3.35	3.28	3.22	3.15	3.08	3.04	3.01
9	5.12	4.26	3.86	3.63	3.48	3.37	3.29	3.23	3.18	3.14	3.07	3.01	2.94	2.86	2.83	2.79
10	4.96	4.10	3.71	3.48	3.33	3.22	3.14	3.07	3.02	2.98	2.91	2.84	2.77	2.70	2.66	2.62
11	4.84	3.98	3.59	3.36	3.20	3.09	3.01	2.95	2.90	2.85	2.79	2.72	2.65	2.57	2.53	2.49
12	4.75	3.89	3.49	3.26	3.11	3.00	2.91	2.85	2.80	2.75	2.69	2.62	2.54	2.47	2.43	2.38
13	4.67	3.81	3.41	3.18	3.03	2.92	2.83	2.77	2.71	2.67	2.60	2.53	2.46	2.38	2.34	2.30
14	4.60	3.74	3.34	3.11	2.96	2.85	2.76	2.70	2.65	2.60	2.53	2.46	2.39	2.31	2.27	2.22
15	4.54	3.68	3.29	3.06	2.90	2.79	2.71	2.64	2.59	2.54	2.48	2.40	2.33	2.25	2.20	2.16
16	4.49	3.63	3.24	3.01	2.85	2.74	2.66	2.59	2.54	2.49	2.42	2.35	2.28	2.19	2.15	2.11
17	4.45	3.59	3.20	2.96	2.81	2.70	2.61	2.55	2.49	2.45	2.38	2.31	2.23	2.15	2.10	2.06
18	4.41	3.55	3.16	2.93	2.77	2.66	2.58	2.51	2.46	2.41	2.34	2.27	2.19	2.11	2.06	2.02
19	4.38	3.52	3.13	2.90	2.74	2.63	2.54	2.48	2.42	2.38	2.31	2.23	2.16	2.07	2.03	1.98
20	4.35	3.49	3.10	2.87	2.71	2.60	2.51	2.45	2.39	2.35	2.28	2.20	2.12	2.04	1.99	1.95
21	4.32	3.47	3.07	2.84	2.68	2.57	2.49	2.42	2.37	2.32	2.25	2.18	2.10	2.01	1.96	1.92
22	4.30	3.44	3.05	2.82	2.66	2.55	2.46	2.40	2.34	2.30	2.23	2.15	2.07	1.98	1.94	1.89
23	4.28	3.42	3.03	2.80	2.64	2.53	2.44	2.37	2.32	2.27	2.20	2.13	2.05	1.96	1.91	1.86
24	4.26	3.40	3.01	2.78	2.62	2.51	2.42	2.36	2.30	2.25	2.18	2.11	2.03	1.94	1.89	1.84
25	4.24	3.39	2.99	2.76	2.60	2.49	2.40	2.34	2.28	2.24	2.16	2.09	2.01	1.92	1.87	1.82
26	4.23	3.37	2.98	2.74	2.59	2.47	2.39	2.32	2.27	2.22	2.15	2.07	1.99	1.90	1.85	1.80
27	4.21	3.35	2.96	2.73	2.57	2.46	2.37	2.31	2.25	2.20	2.13	2.06	1.97	1.88	1.84	1.79
28	4.20	3.34	2.95	2.71	2.56	2.45	2.36	2.29	2.24	2.19	2.12	2.04	1.96	1.87	1.82	1.77
29	4.18	3.33	2.93	2.70	2.55	2.43	2.35	2.28	2.22	2.18	2.10	2.03	1.94	1.85	1.81	1.75
30	4.17	3.32	2.92	2.69	2.53	2.42	2.33	2.27	2.21	2.16	2.09	2.01	1.93	1.84	1.79	1.74

付表　F分布表（上側確率0.01）

ϕ_1 \ ϕ_2	60	40	30	20	15	12	10	9	8	7	6	5	4	3	2	1
1	6313.	6287.	6261.	6209.	6157.	6106.	6056.	6022.	5982.	5928.	5859.	5764.	5625.	5403.	5000.	4052.
2	99.5	99.5	99.5	99.4	99.4	99.4	99.4	99.4	99.4	99.4	99.3	99.3	99.2	99.2	99.0	98.5
3	26.3	26.4	26.5	26.7	26.9	27.1	27.2	27.3	27.5	27.7	27.9	28.2	28.7	29.5	30.8	34.1
4	13.7	13.7	13.8	14.0	14.2	14.4	14.5	14.7	14.8	15.0	15.2	15.5	16.0	16.7	18.0	21.2
5	9.20	9.29	9.38	9.55	9.72	9.89	10.1	10.2	10.3	10.5	10.7	11.0	11.4	12.1	13.3	16.3
6	7.06	7.14	7.23	7.40	7.56	7.72	7.87	7.98	8.10	8.26	8.47	8.75	9.15	9.78	10.9	13.7
7	5.82	5.91	5.99	6.16	6.31	6.47	6.62	6.72	6.84	6.99	7.19	7.46	7.85	8.45	9.55	12.2
8	5.03	5.12	5.20	5.36	5.52	5.67	5.81	5.91	6.03	6.18	6.37	6.63	7.01	7.59	8.65	11.3
9	4.48	4.57	4.65	4.81	4.96	5.11	5.26	5.35	5.47	5.61	5.80	6.06	6.42	6.99	8.02	10.6
10	4.08	4.17	4.25	4.41	4.56	4.71	4.85	4.94	5.06	5.20	5.39	5.64	5.99	6.55	7.56	10.0
11	3.78	3.86	3.94	4.10	4.25	4.40	4.54	4.63	4.74	4.89	5.07	5.32	5.67	6.22	7.21	9.65
12	3.54	3.62	3.70	3.86	4.01	4.16	4.30	4.39	4.50	4.64	4.82	5.06	5.41	5.95	6.93	9.33
13	3.34	3.43	3.51	3.66	3.82	3.96	4.10	4.19	4.30	4.44	4.62	4.86	5.21	5.74	6.70	9.07
14	3.18	3.27	3.35	3.51	3.66	3.80	3.94	4.03	4.14	4.28	4.46	4.70	5.04	5.56	6.51	8.86
15	3.05	3.13	3.21	3.37	3.52	3.67	3.80	3.89	4.00	4.14	4.32	4.56	4.89	5.42	6.36	8.68
16	2.93	3.02	3.10	3.26	3.41	3.55	3.69	3.78	3.89	4.03	4.20	4.44	4.77	5.29	6.23	8.53
17	2.83	2.92	3.00	3.16	3.31	3.46	3.59	3.68	3.79	3.93	4.10	4.34	4.67	5.18	6.11	8.40
18	2.75	2.84	2.92	3.08	3.23	3.37	3.51	3.60	3.71	3.84	4.01	4.25	4.58	5.09	6.01	8.29
19	2.67	2.76	2.84	3.00	3.15	3.30	3.43	3.52	3.63	3.77	3.94	4.17	4.50	5.01	5.93	8.18
20	2.61	2.69	2.78	2.94	3.09	3.23	3.37	3.46	3.56	3.70	3.87	4.10	4.43	4.94	5.85	8.10
21	2.55	2.64	2.72	2.88	3.03	3.17	3.31	3.40	3.51	3.64	3.81	4.04	4.37	4.87	5.78	8.02
22	2.50	2.58	2.67	2.83	2.98	3.12	3.26	3.35	3.45	3.59	3.76	3.99	4.31	4.82	5.72	7.95
23	2.45	2.54	2.62	2.78	2.93	3.07	3.21	3.30	3.41	3.54	3.71	3.94	4.26	4.76	5.66	7.88
24	2.40	2.49	2.58	2.74	2.89	3.03	3.17	3.26	3.36	3.50	3.67	3.90	4.22	4.72	5.61	7.82
25	2.36	2.45	2.54	2.70	2.85	2.99	3.13	3.22	3.32	3.46	3.63	3.86	4.18	4.68	5.57	7.77
26	2.33	2.42	2.50	2.66	2.82	2.96	3.09	3.18	3.29	3.42	3.59	3.82	4.14	4.64	5.53	7.72
27	2.29	2.38	2.47	2.63	2.78	2.93	3.06	3.15	3.26	3.39	3.56	3.78	4.11	4.60	5.49	7.68
28	2.26	2.35	2.44	2.60	2.75	2.90	3.03	3.12	3.23	3.36	3.53	3.75	4.07	4.57	5.45	7.64
29	2.23	2.33	2.41	2.57	2.73	2.87	3.00	3.09	3.20	3.33	3.50	3.73	4.04	4.54	5.42	7.60
30	2.21	2.30	2.39	2.55	2.70	2.84	2.98	3.07	3.17	3.30	3.47	3.70	4.02	4.51	5.39	7.56

著者紹介

大村　平　（工学博士）
（おお むら　ひとし）

1930 年　秋田県に生まれる

1953 年　東京工業大学機械工学科卒業
　　　　防衛庁空幕技術部長，航空実験団司令，
　　　　西部航空方面隊司令官，航空幕僚長を歴任

1987 年　退官．その後，防衛庁技術研究本部技術顧問，
　　　　お茶の水女子大学非常勤講師，日本電気株式会社顧問

2021 年　逝去

実験計画と分散分析のはなし【第 3 版】
—効率よい計画とデータ解析のコツ—

1984 年 3 月 6 日　初　版第 1 刷発行
2011 年 11 月 1 日　初　版第 26 刷発行
2013 年 1 月 29 日　改訂版第 1 刷発行
2021 年 6 月 25 日　改訂版第 12 刷発行
2024 年 4 月 29 日　第 3 版第 1 刷発行

著　者　大　村　　　平

発行人　戸　羽　節　文

検　印
省　略

発行所　株式会社 日科技連出版社
〒 151-0051　東京都渋谷区千駄ヶ谷 5-15-5
DS ビル
電話　出版　03-5379-1244
　　　営業　03-5379-1238

Printed in Japan　印刷・製本　シナノパブリッシングプレス

ⓒ *Michiko Ohmura* 1984, 2013, 2024　ISBN978-4-8171-9797-9
URL　https://www.juse-p.co.jp/

大村　平の
ほんとうにわかる数学の本

■もっとわかりやすく，手軽に読める本が欲しい！　この
要望に応えるのが本シリーズの使命です．

大村　平の
　ベスト　アンド　ロングセラー

■ビジネスパーソンや学生の教養書として広く読まれています．

日 科 技 連